LabVIEW 与 NI-ELVIS 实验教程
——入门与进阶

王秀萍　余金华　林丽莉　编著

ZHEJIANG UNIVERSITY PRESS
浙江大学出版社

图书在版编目（CIP）数据

LabVIEW 与 NI-ELVIS 实验教程：入门与进阶／王秀萍等编著.
—杭州：浙江大学出版社，2012.11(2018.6 重印)
ISBN 978-7-308-10653-5

Ⅰ.①L… Ⅱ.①王… Ⅲ.①虚拟仪表－软件工具－
程序设计－教材 Ⅳ.①TH86②TP311.56

中国版本图书馆 CIP 数据核字（2012）第 226701 号

LabVIEW 与 NI-ELVIS 实验教程——入门与进阶

王秀萍　余金华　林丽莉 编著

责任编辑	吴昌雷
封面设计	刘依群
出版发行	浙江大学出版社
	（杭州市天目山路 148 号　邮政编码 310007）
	（网址：http://www.zjupress.com）
排　　版	杭州中大图文设计有限公司
印　　刷	杭州杭新印务有限公司
开　　本	787mm×1092mm　1/16
印　　张	12.75
字　　数	302 千
版 印 次	2012 年 11 月第 1 版　2018 年 6 月第 3 次印刷
书　　号	ISBN 978-7-308-10653-5
定　　价	30.00 元（含光盘）

前　　言

　　虚拟仪器技术由计算机、模块化功能硬件和应用软件三大部分组成,其中软件是最重要的部分。LabVIEW(Laboratory Virtual Instrument Engineering Workbench)是由美国国家仪器公司(National Instruments,简称 NI)推出的基于图形化编程方式的虚拟仪器软件开发环境。该软件因强大、开放和高效而著称,普遍用于数据采集和仪器控制等领域。该软件不仅能轻松地完成与各种软硬件的连接,更能提供强大的后续数据处理能力,方便用户定制多种数据处理、转换、存储与结果显示方式。

　　NI-ELVIS 虚拟仪器教学实验套件(Educational Laboratory Virtual Instrumentation Suite,简称 ELVIS)是 NI 公司推出的一套结合 LabVIEW 与 NI 的 DAQ(Data AcQuisition,数据采集)的基础实验平台。平台集成了 12 款最常用仪器,包括示波器、数字万用表、函数发生器、波特分析仪等,实现了教学仪器、数据采集和实验设计一体化。

　　本教程作为虚拟仪器应用的入门与进阶实验教程,内容涵盖 LabVIEW 编程基础、数据采集和信号分析,以及基于 NI-ELVIS 虚拟仪器教学实验套件的 16 个实验例程。基于 LabVIEW 的数据采集与信号处理是本教程的重点。书中的实验具有软硬件结合、涉及课程范围广(涉及模拟电子技术、数字电子技术、数字信号处理、传感器技术等)、综合性强的特点,另外也兼顾了一定趣味性(如电子琴键实验)。与本教程配套的硬件平台是 EL-VIS Ⅱ硬件平台,软件是 LabVIEW 2010 配合 ELVISmx 4.3.1 驱动。本教程光盘中除了上述平台上的例程外,也有与早期的 ELVIS Ⅰ平台配套的例程,其软件版本是 Lab-VIEW 8.5 配合 NI-DAQmx 8.9.5 以及 NI-ELVIS 3.0.1 驱动。

　　本教程分为两篇,第一篇是 LabVIEW 编程基础实验,包括:LabVIEW 开发环境、程序结构、数组、簇和波形、图形显示、LabVIEW 编程技巧、信号分析与处理技术等,掌握了这些编程基础实验,就可以编写图形显示、数据分析处理等功能丰富的测试测量程序。第二篇是基于 NI-ELVIS 教学实验套件的电子信息技术实验,包括基于 NI-ELVIS 的数据采集、RC 暂态电路电压变化实验、滤波器实验、交流电路实验、LED 交通灯设计、555 数字时钟电路、红外光通信、带压感的电子琴键等电子测量实验。通过本教程,学生可以领略 LabVIEW 强大的数据采集和分析功能;并学习如何将 LabVIEW 软件与硬件平台结合,快速构建测量、测试系统。全书共 16 个实验(含练习题),其中验证性实验为:实验一、四、十、十一、十四、十六;设计性实验为:实验二、三、五、七、九、十二;综合性实验为:实验

六、八、十三；创新性实验为：实验十五。本教程实例丰富、脉络清晰，适合学生自学，也可用于每周 3 个学时的电子信息工程、测量与仪器等专业的大学生实践教学。

　　本书由浙江工商大学电子信息工程系王秀萍博士、余金华副教授和林丽莉副教授编写。特别感谢浙江工商大学测控技术与仪器专业 0801 班的毛璐琪、邬丹燕和张利强同学在应用程序验证、资料录入与整理等方面给予的大力帮助！

　　感谢美国国家仪器中国有限公司李甫成工程师提供了 ELVIS Ⅱ 硬件平台和 Lab-VIEW 2010 学生版软件；感谢浙江工商大学信电学院将本教材列入了教学改革项目并资助出版。感谢 2012 年浙江省优势专业"电子信息工程"项目资助。

　　由于编者水平有限，书中难免有不当之处，恳请读者批评指正。

王秀萍

2012 年 6 月

目　　录

第一篇　LabVIEW 编程基础

第二篇　基于 NI-ELVIS 的电子信息技术实验

第一篇
LabVIEW 编程基础

实验一

熟悉 LabVIEW 的开发环境

LabVIEW 是由美国国家仪器(NI)公司研发的一种程序开发环境,它与其他计算机语言的显著区别是:其他计算机语言采用基于文本的语言产生代码,LabVIEW 使用的是图形化编辑语言,产生的程序是框图形式。LabVIEW 程序被称为 VI(Virtual Instrument,虚拟仪器),并以. vi 作为扩展名。

本实验从 VI 的创建开始,主要介绍 LabVIEW 2010 的开发环境,并从其运行机制、操作模板、初步操作、子程序、数据类型等方面进一步展示 LabVIEW 的软件功能。

通过本次实验,了解基本的 LabVIEW 操作,初步掌握框图的搭建,并能创建简单的 VI。

1.1 创建一个新的 VI

LabVIEW 启动后,即出现如图 1-1 所示的 LabVIEW 启动窗口。在该窗口中新建一个 VI,新的 VI 界面如图 1-2 所示。

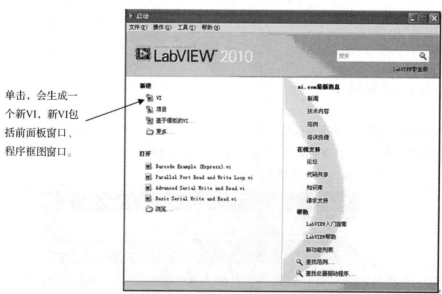

图 1-1 LabVIEW 启动窗口

程序框图窗口

前面板窗口

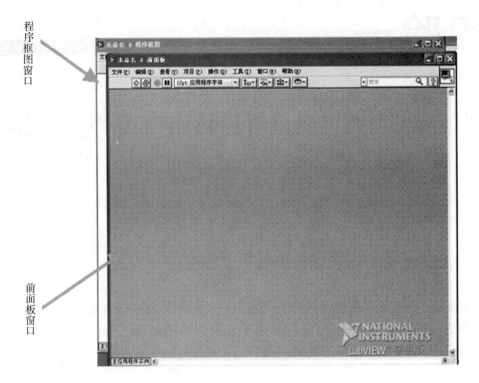

图 1-2　VI 前面板及程序框图

1.2　LabVIEW 的运行机制

　　LabVIEW 应用程序,即虚拟仪器,包括前面板和程序框图两部分,以下对这两部分进行简单介绍。

1.2.1　前面板

　　前面板是图形用户界面,也就是 VI 的虚拟仪器面板。这一界面上有用户输入和显示输出两类对象,具体表现有开关、旋钮、图形以及其他控制和显示对象。

　　前面板窗口工具栏如图 1-3 所示。

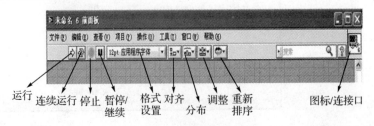

运行　连续运行　停止　暂停/继续　格式设置　对齐　分布　调整　重新排序　图标/连接口

图 1-3　前面板窗口工具栏

1.2.2　程序框图

程序框图窗口提供 VI 的图形化源程序。在该窗口中对 VI 编程,控制定义在前面板上的输入输出功能。程序框图窗口的工具栏与前面板类似,只增加了 4 个调试按钮,窗口主菜单与前面板相同,如图 1-4 所示。

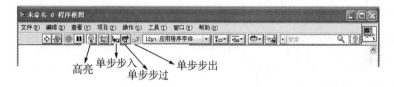

图 1-4　程序框图窗口工具栏

单击高亮执行按钮可使 VI 一步一步地执行程序,所执行到的节点都以高亮方式显示,可观察到数据的流动。这样用户可以清楚地了解程序的运行过程,也可以很方便地查找错误。

1.3　LabVIEW 的操作模板

在 LabVIEW 的用户界面上,应特别注意它提供的操作模板,包括工具选板、控件选板和函数选板。这些模板集中反映了该软件的功能与特征。

1.3.1　工具选板

工具选板提供了各种用于创建、修改和调试 VI 程序的工具。如果该模板没有出现,则可以在"Windows"菜单下选择"Show Tools Palette"命令以显示该模板。当从工具选板中选择了某种工具后,鼠标光标就变为该工具的形状,表示可以进行某类操作,如图 1-5 所示。

工具图标具体功能介绍如表 1-1 所示。

图 1-5　工具模板

表 1-1　工具图标功能介绍

序号	图标	名称	功　　能
1	✋	Operate Value(操作值)	用于操作前面板的控制和显示。使用它向数字或字符串控制中键入值时,工具会变成标签工具
2	▶	Position/Size/Select(选择)	用于选择、移动或改变对象的大小。当它用于改变对象的连框大小时,会变成相应形状

续表

序号	图标	名称	功能
3		Edit Text（编辑文本）	用于输入标签文本或者创建自由标签。当创建自由标签时它会变成相应形状
4		Connect Wire（连线）	用于在流程图程序上连接对象。如果联机帮助的窗口被打开时，把该工具放在任一条连线上，就会显示相应的数据类型
5		Object Shortcut Menu（对象菜单）	用鼠标单击可以弹出对象的弹出式菜单
6		Scroll Windows（窗口滚动）	使用该工具可以不使用滚动条即可在窗口中漫游
7		Set/Clear Breakpoint（断点设置/清除）	使用该工具在 VI 的流程图对象上设置断点
8		Probe Data（数据探针）	可在程序框图内的数据流线上设置探针。通过控针窗口来观察该数据流线上的数据变化状况
9		Get Color（颜色提取）	使用该工具来提取颜色用于编辑其他的对象
10		Set Color（颜色设置）	用来给对象定义颜色。它也显示出对象的前景色和背景色

1.3.2　控件选板

　　控件选板用来给前面板设置各种所需的输出显示对象和输入控制对象。每个图标代表一类子模板。如果控件选板不显示，可以右击前面板的空白处，以弹出控件选板。控件选板只用于前面板，用来创建控制器和指示器。模板中显示的是一些子模板的图标，单击图标即可弹出该图标下的子模板，如图 1-6 所示。

　　相关子模板具体功能介绍如表 1-2 所示。

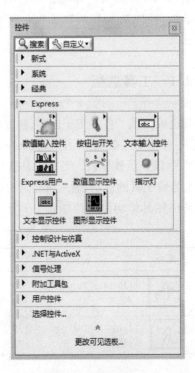

图 1-6　控件选板

表 1-2 控制模板图标功能介绍

序号	图标	子模板名称	功 能
1		数值	数值的控制和显示。包含数字式、指针式显示表盘及各种输入框
2		布尔	逻辑数值的控制和显示。包含各种布尔开关、按钮以及指示灯等
3		字符串和路径	字符串和路径的控制和显示
4		数组、矩阵和簇	数组、矩阵和簇的控制和显示
5		List & Table(列表、表格和树)	列表、表格和树的控制和显示
6		Graph(图形显示)	显示数据结果的趋势图和曲线图
7		Ring & Enum(下拉列表与枚举)	下拉列表与枚举的控制和显示
8		I/O(输入/输出功能)	输入/输出功能。于操作 OLE、ActiveX 等功能
9		引用句柄	使用位于引用句柄和经典引用句柄选板上的控件可对文件、目录、设备和网络连接进行操作。引用句柄是一个打开对象的临时指针
10		容器	容器控件用于组合输入控件和显示控件,或用于显示当前 VI 之外的其他 VI 的前面板
11		变体与类	变体数据类型是 LabVIEW 中多种数据类型的容器。通过创建 LabVIEW 类,可在 LabVIEW 中创建用户定义的数据类型。LabVIEW 类定义了对象相关的数据和可对数据执行的操作(即方法)
12		Activex	用于 ActiveX 等功能
13		Decorations(修饰)	用于给前面板进行修饰的各种图形对象

其中,在实验中最常用的控件是:数值型和布尔型。

1. 数值型(Numeric)

数值型控件用于完成参数设置和结果显示,这些控件相对于高级文本中的变量。选取部分数值控件,如图 1-7 所示。

(1)控制型控件有:数字式、滑动式、进度条式、旋钮式、桶式。

（2）指示型控件有：数字式、表盘式、温度计式、色彩。

数值型控件的属性设置方法：前面板窗口中放置一个数值型控件 Knob，右击控件会弹出一个快捷菜单，如图 1-8 所示。

在控件快捷菜单中选择"属性"，将打开控件的属性对话窗口，如图 1-9 所示。

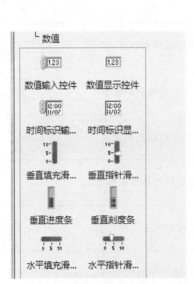

图 1-7　数值型控件　　　　　　　　　　图 1-8　数值型控件快捷菜单

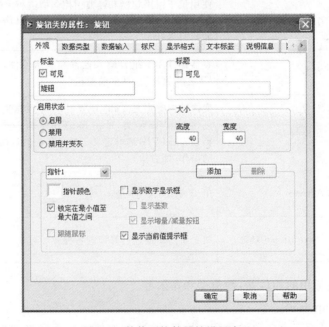

图 1-9　数值型控件属性设置窗口

2.布尔型

布尔型包含控制器和指示器,如按钮、开关、指示灯按键等,如图 1-10 所示。控件的值只能是 True 和 False。

其属性的设置方式与数值型控件十分相似。在前面板窗口中放置一个布尔型控件 Boolean,然后右击该控件,会弹出一个快捷菜单,如图 1-11 所示。

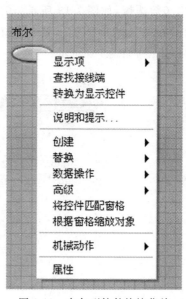

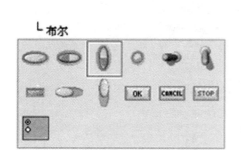

图 1-10 布尔型控件　　　　　　　　　图 1-11 布尔型控件快捷菜单

在快捷菜单中选择"属性",会弹出该控件的属性窗口,如图 1-12 所示。

图 1-12 布尔型控件属性设置窗口

1.3.3 函数选板

函数选板只有在打开了程序框图窗口才会出现，主要用于创建流程图。该模板上的每个顶层图标都表示一个子模板。若函数选板不出现，可以右击流程图程序窗口的空白处以弹出函数选板，如图 1-13 所示，函数选板包含"编程"、"测量 I/O"、"仪器 I/O"、"数学"、"信号处理"等几个大类。其中"编程"类 VI 和函数是创建 VI 的基本工具，"编程"类子模板功能介绍如表 1-3 所示。

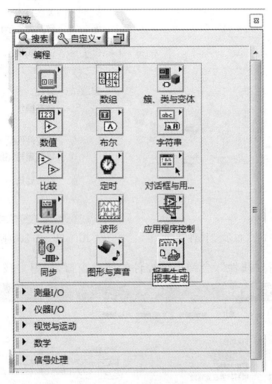

图 1-13 函数选板

表 1-3 函数模板图标功能介绍

序号	图标	子模板名称	功　　　　能
1		结构	包括程序控制结构命令，例如循环控制等，以及全局变量和局部变量
2		数组	包括数组运算函数、数组转换函数，以及常数数组等
3		簇、类与变体	包括簇、类和变体 VI/函数的创建、簇和 LabVIEW 类的操作。将 LabVIEW 数据转换为独立于数据类型的格式、为数据添加属性，以及将变体数据转换为 LabVIEW 数据

序号	图标	子模板名称	功　　能
4		数值	包括各种常用的数值运算,还包括数制转换、三角函数、对数、复数等运算,以及各种数值常数
5		布尔	包括各种逻辑运算符以及布尔常数
6		字符串	包含各种字符串操作函数、数值与字符串之间的转换函数,以及字符(串)常数等
7		比较	包括各种比较运算函数,如大于、小于、等于
8		定时	延时、等待等用于控制执行速度的函数,也包括可获取基于计算机时钟的时间和日期的函数
9		对话框和用户界面	用于创建提示用户操作的对话框窗口和出错处理函数等
10		文件 I/O(输入/输出)	包括处理文件输入/输出的程序和函数
11		波形	各种波形处理工具
12		应用程序控制	包括动态调用 VI、标准可执行程序的功能函数
13		同步	同步 VI 和函数用于同步并行执行的任务并在并行任务间传递数据
14		图形与声音	用于创建自定义的显示(包括 2D、3D 图形)、从图片文件导入导出数据以及播放声音等功能的模块
15		报表生成	报表生成 VI 用于 LabVIEW 应用程序中报表的创建及相关操作。也可使用该选板中的 VI 在书签位置插入文本、标签和图形

1.4　LabVIEW 的初步操作

VI 程序的创建包含三步:创建前面板、设计程序框图、调试程序。

1.4.1　前面板的设计

前面板的设计应根据实际的仪器面板以及所要实现的功能来进行,多数控件的本质区别在于其代表的数据类型不同。

对控件对象进行的编辑包括:改变对象的大小,设置对象的颜色,设置对象标签,标题的字体,排列、组合、锁定对象等。

1.4.2　程序框图的设计

程序框图相当于源代码,该部分的设计主要是用函数模板中的相关函数和程序结构,处理数据以及数据端口之间的关系。函数和程序结构即是节点,节点是程序的一条语句,它包括函数、VI 子程序、结构和代码接口。其中,数据端口则可理解为程序的变量。

1.4.3　程序的调试

如果 VI 程序有错误不能运行,工具栏的"Run"按钮将会显示成一个折断的箭头。单击该按钮可打开一个显示错误清单的窗口,选择一个列出的错误项,然后再单击"Find"按钮,则程序框图中出错的对象就会呈高亮状态显示。VI 程序常见的错误有:①连接的端口之间数据类型不匹配;②必须连接的函数数据端口未连线。

程序调试的方法主要有:

(1)高亮显示执行方式:正在执行的节点会以高亮形式显示。常结合单步模式,跟踪框图中的数据流传输情况。

(2)单步执行:即一个节点一个节点地执行。

(3)探针 ⊕ :查看运行过程中数据流在该连线上的数据。

(4)断点 ◉ :程序运行到该处时会暂停执行,再单击暂停按钮程序会继续运行到下一个断点处或直到 VI 运行结束。

> 范例展示

【例 1.1】　每隔一定时间测量一次温度,显示当前的测量温度值和已运行时间,同时显示实时温度测量曲线。

(1)设计前面板

①在前面板放置一个旋钮控件,此圆形旋钮用于选择测量时间间隔。

②放置一个布尔型控件开关,用于控制测量的启停。

③放置一个数值型的指示控件,用于显示程序运行时间。

④放置一个图形显示控件,用于显示温度实时测量曲线。在控件的快捷菜单中选择"显示项"→"数字显示",显示出该控件附带的一个数字指示,并用文本标签工具添加文本"温度"。如图 1-14 所示。

(2)设计程序框图

①切换到程序框图窗口,波形图表控件在程序框图中出现的初始端口图标是 ▨ ,右击该图标,在弹出的快捷菜单中选择"显示为图标"项,端口图标就变为 ▷Ⅱ▷ 。

②选择 While 循环结构,While 循环中的 Ⓘ 端口输出 While 循环次数。

③放置随机函数发生器。该函数产生(0,1)之间的一个随机数,产生的随机数经运算处理后模拟温度采集值。

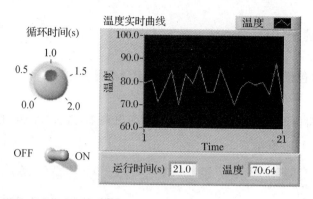

图 1-14　例 1.1 前面板

④放置 2 个乘法函数。

⑤放置 3 个数值常量端口,分别输入程序框图中所需的常数。

⑥放置延时函数,该函数控制每次 While 循环的时间间隔,函数的左边端口连接一个数值指定延时的时间,单位为 ms。

⑦选用连线工具,根据程序设计原理连接各个节点,得到程序框图如图 1-15 所示。

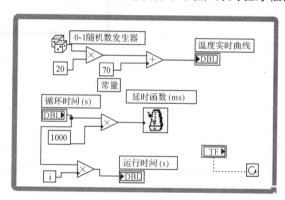

图 1-15　例 1.1 程序框图

1.5　VI 子程序

VI 子程序类似于传统程序设计语言中的函数或子程序。VI 包括前面板、程序框图以及图标/连结端口 3 部分。而图标就是调用 VI 子程序时在程序框图中所显示的外观,连结端口是该 VI 与调用它的 VI 交换数据的端口。

1.5.1　创建子 VI

子 VI 的创建包括图标编辑和连接端口的定义两部分。

（1）图标编辑

右击前面板窗口的右上角的默认图标，弹出菜单，选择"编辑"选项即可激活图标编辑器窗口，如图 1-16 所示。

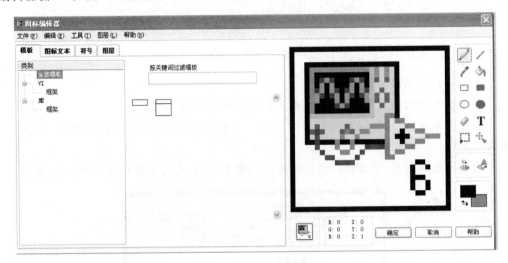

图 1-16　子 VI 图标编辑

（2）连接端口的创建

连接端口是 VI 程序数据的输入输出接口。应根据 VI 程序所需要的参数个数，来确定连接端口的端口数，并确定前面板上控制器和指示器与这些端口的对应关系。

范例展示

【例 1.2】　将摄氏温度转换为华氏温度。

①在前面板上放置一个数字控制器和一个数字指示器。将标签分别改为：摄氏温度值和华氏温度值。

②在程序框图中放置一个加法器和一个乘法器，以及两个数字常量，连线。

③在前面板把图标编辑为 c→F 。

④右击前面板窗口中的图标窗口，在快捷菜单中选择"Show Connector"选项来定义连接端口，这时图标变成连接端口显示模式，呈现出 2 个端口，对应前面板上的 2 个控件。连线工具单击图标左边的端口，然后再单击前面板上的"摄氏温度值"控件，这时端口变为 ，表明已经定义了第一个数据端口。同样，定义华氏温度值的输出数据端口。这样就完成了 VI 子程序的创建，如图 1-17 所示。

创建 VI 子程序的另一种方法。

通过选定部分程序框图来创建 VI 子程序。首先用"选择"工具选定要转换的部分程序框图,然后在"编辑"菜单下选择"创建子 VI 选项"。

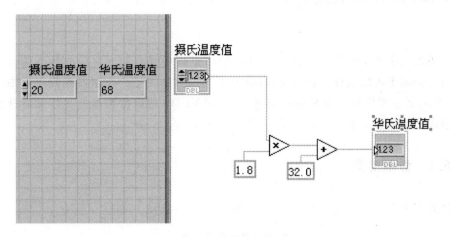

图 1-17　例 1.2 前面板及程序框图

1.5.2　VI 子程序的调用

调用方法是:在"函数"模板中选择"Select a VI…子模板",将该子 VI 的图标加入到主 VI 的程序框图窗口中。图 1-18 就调用了前面所建立的摄氏转换为华氏温度的子程序。注意:子 VI 可以调用另一个子 VI,但不能调用自己。

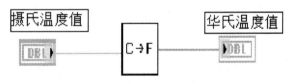

图 1-18　VI 子程序的调用

1.5.3　VI 子程序的打开、运行和改变

双击 VI 子程序的图标即可打开其前面板窗口,然后可以运行或修改子 VI。对 VI 子程序所做的修改只有在存盘后才会起作用。

在"帮助"菜单下选择"Show Context Help",可打开文本帮助窗口,将鼠标移到 VI 子程序节点上时,窗口可以显示子程序每个连接端口的连线说明。

1.6 LabVIEW 的数据类型

前面板的控制和指示两类控件,在 VI 的程序框图中都有与之对应的数据端口。这些数据端口类似于传统编程语言的变量,有着不同的数据类型。控制器在程序框图中只能输出,指示器在程序框图中只能接收输入。LabVIEW 的数据类型按其特征可分为数值量类型和非数值量类型。

1.6.1 数值类型

数值数据类型可分为浮点数、整数和复数,如表 1-4 所示。

表 1-4 数值数据类型

数据类型	端口图标	存储位数	数值范围
有符号整数	I8	8	$-128\sim127$
有符号整数	I16	16	$-32768\sim32767$
有符号整数	I32	32	$-2147483648\sim2147483627$
无符号整数	U8	8	$0\sim255$
无符号整数	U16	16	$0\sim65535$
无符号整数	U32	32	$0\sim4294967295$
单精度浮点型	SGL	32	最小正数 $1.40e-45$,最大正数 $3.40e+38$,(绝对值)最小负数 $-1.40e-45$,(绝对值)最大负数 $-3.40e+38$
双精度浮点型	DBL	64	最小正数 $4.94e-324$,最大正数 $1.79e+308$,(绝对值)最小负数 $-4.94e*324$,(绝对值)最大负数 $-1.79e+308$
扩展精度浮点型	EXT	128	最小正数 $6.48e-4966$,最大正数 $1.19e+4966$,(绝对值)最大负数 $-1.19e+4932$
复数单精度浮点型	CSG	64	实部和虚部分别与单精度浮点数相同
复数双精度浮点型	CDB	128	实部和虚部分别与双精度浮点数相同
复数扩展精度浮点型	CXT	256	实部和虚部分别与扩展精度浮点数相同

1.6.2　非数值数据

非数值数据类型,如表 1-5 所示。

表 1-5　非数值数据类型

数据类型	图标
布尔量数据	 TF
字符串类型	 abc
数组数据	 [ ]
簇数据类型	
波形数据	
数字波形数据	

【思考题】

1.最常用的控件有哪些?

2.如何搭建程序框图,实现如下功能:当按下前面板按钮时,指示灯点亮;当弹起按钮时,指示灯熄灭。

【练习】

1.创建一个 VI 程序,比较两个数,如果两数相等则灯亮。

2.产生一个随机数与 10.0 相乘,然后通过一个 VI 子程序将积与 100 相加后开方。查找出错对象,调试程序,如:设置探针、断点,使用单步和高亮执行方式运行该 VI。

实验二

程序结构

　　LabVIEW 作为一种图形化的高级程序开发语言提供了各种不同的程序结构（详见图 2-1），大大简化了程序，使运算变得更加直观。

　　本实验我们主要学习 LabVIEW 中几种主要的程序结构，包括循环（While 循环和 For 循环）、选择（Case 结构）、顺序（Sequence 结构）、事件（Event 结构）和公式节点。

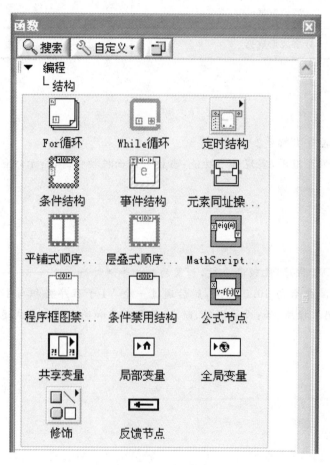

图 2-1　程序结构

2.1　While 循环

While 循环能使程序运行到满足某个条件时退出或继续运行,它是 LabVIEW 中最常用的程序结构,由循环框、条件端口和计数端口组成,如图 2-2 所示。

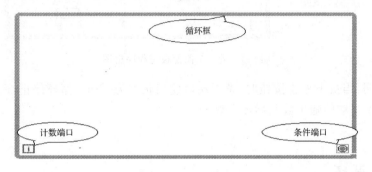

图 2-2　While 循环框

2.1.1　条件端口

条件端口控制循环的停止与否,它有两种状态:

(1)当使用状态为"Stop if True" 时,若输入值为 True,则停止循环;若输入值为 False,则继续执行下一次循环。

(2)当使用状态为"Continue if True" 时,若输入值为 True,则继续执行下一次循环;若输入值为 False,则停止循环。

程序循环结束后,自动检测条件端口的值,因此不管条件是否成立,循环至少要执行一次。

2.1.2　计数端口

计数端口用于统计循环执行的次数,从零开始计数,While 循环每执行一次,计数端口的值就加 1。即若循环执行了 10 次,则计数端口的值为 9。

范例展示

【例 2.1】　使用 While 循环显示随机数序列。前面板与程序框图如图 2-3 所示。

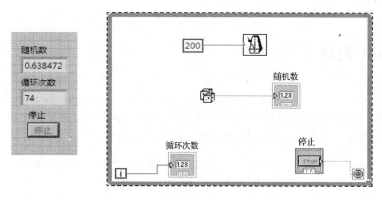

图 2-3　例 2.1 前面板与程序框图

　　程序说明：当按下停止按钮时，条件端口使用状态为 True，循环停止，两个数据显示窗口分别显示当前的随机数及循环次数。

2.2　For 循环

　　基本的 For 循环结构由循环框、循环次数端口和计数端口组成（见图 2-4），用于结构中的程序循环执行指定的次数。

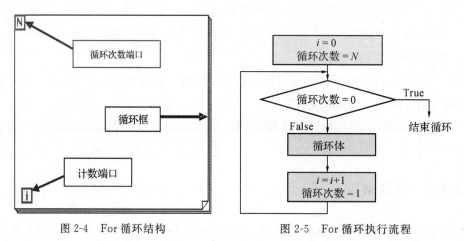

图 2-4　For 循环结构　　　　　　　图 2-5　For 循环执行流程

　　如图 2-5 所示，For 循环在开始执行前，从循环次数端口读入循环次数，计数端口输出 0 值；之后执行 For 循环框内框图代码程序，每执行一次计数端口值自动加 1；循环次数达到设定值后，退出循环。

范例展示

　　【例 2.2】　使用 For 循环显示随机数序列。前面板与程序框图如图 2-6 所示。

　　上述内容介绍了 While 循环和 For 循环的基本内容，这两种循环的区别为：

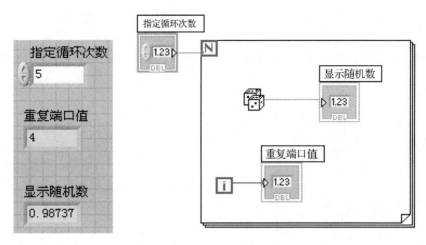

图 2-6　For 循环显示随机数序列

(1)For 循环要执行预先指定的循环次数。

(2)While 循环只有在条件端口接收到的值为 False 时才停止循环。While 循环不必知道循环次数。

(3)While 循环不满足条件也要执行 1 次。

(4)For 循环当 $N<1$ 时 1 次都不执行。

2.3　移位寄存器

2.3.1　移位寄存器简介

移位寄存器的数据类型为数字型、布尔型、字符串等,主要用于 While 循环和 For 循环,将上一次循环的值传给下一次循环。移位寄存器有默认初始值,需设定初始值时,在循环外将初始值连到移位寄存器的左端口即可。在移位寄存器的左端口或右端口上右击,弹出菜单,选择"添加元素"选项,可创建附加的左端口来存储前几次循环的值。

移位寄存器的创建:右击边框,弹出一个菜单,选择"添加移位寄存器"选项,可添加一个移位寄存器,如图 2-7 所示。

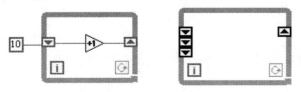

图 2-7　移位寄存器初始化及存储前几次循环值

范例展示

【例 2.3】 使用 For 循环与移位寄存器实现 $N!$ 的运算。前面板与程序框图如图 2-8 所示。

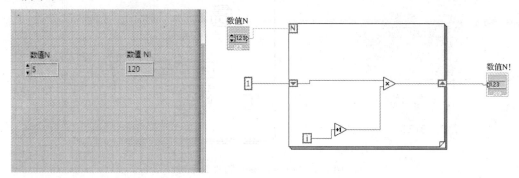

图 2-8 使用 For 循环与移位寄存器实现 $N!$ 的运算的前面板与程序框图

移位寄存器中数据的传递过程是逐步传递进行的,前次循环后的值作为下次循环的初值。具体流程如图 2-9 所示。

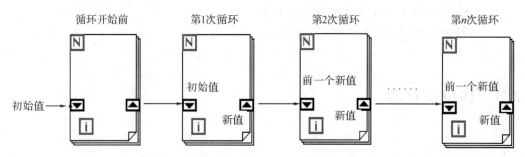

图 2-9 数据在移位寄存器中的数据传递过程

【例 2.4】 在 While 循环中使用移位寄存器。前面板与程序框图如图 2-10 所示。

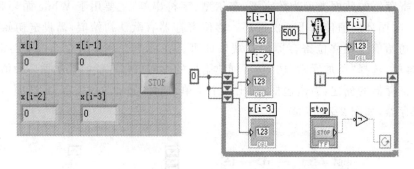

图 2-10 在 While 循环中使用移位寄存器的前面板与程序框图

2.3.2　移位寄存器的初始化

移位寄存器的初始化是在循环外部将常数或控制件连接到移位寄存器的左端子上来实现的。移位寄存器初始化和未初始化的情况程序运行结果是不一样的,下面通过例子对比说明。

范例展示

【例 2.5】　求 $0+1+2+3+4$ 的值。用 For Loop 循环设为 5 次,初始值设为 5 和不设初始值的情况。两种情况的前面板与程序框图如图 2-11 和图 2-12 所示。

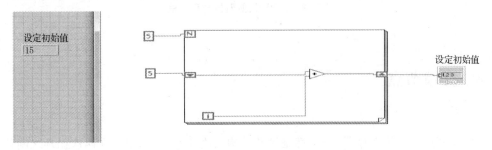

图 2-11　初始化移位寄存器两次运行 VI 的情况

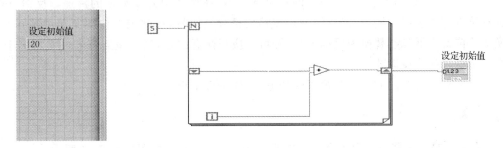

图 2-12　未初始化移位寄存器两次运行 VI 的情况

第二次循环时,若初始值设定为 5,则进行 $5+1+2+3+4$ 的运算;若不设初始值,则在前次运行值的基础上进行运算,即进行 $10+1+2+3+4$ 的运算。

【例 2.6】　用 While 循环实现求 X 的立方和。

求 $S = \sum_{X=M}^{N} X^3 (M \leqslant N,$且 X, M, N 均为正数$)$,流程图、前面板与程序框图如图 2-13 所示。

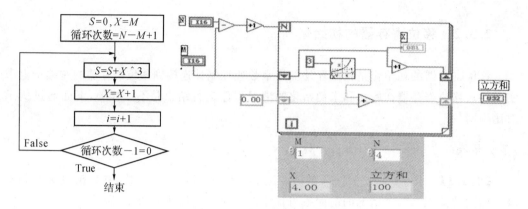

图 2-13　流程图、前面板与程序框图

2.4　反馈节点

反馈节点与移位寄存器一样,都是循环结构的附加对象,都用于在两次循环之间传递数据。移位寄存器的功能是把当前循环完成时的某个数据传递给下一次循环的开始,而反馈节点则相当于只有一个左端子的移位寄存器,在循环中完成数据的传递。反馈节点和移位寄存器可以互换,右击反馈节点或移位寄存器图标,在弹出的快捷菜单中选择"替换为移位寄存器"或"替换为反馈节点"即可。应当注意的是,当移位寄存器左端口多于 1个时不能转换为反馈节点。

反馈节点箭头的方向表示数据流的方向,清楚显示程序的走向。

范例展示

【**例 2.7**】　用移位寄存器和反馈节点实现 a＋＋。程序框图如图 2-14 所示。

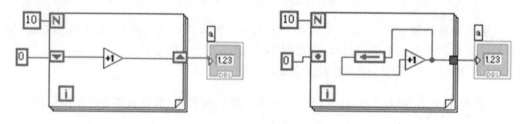

图 2-14　用移位寄存器(左)、反馈节点(右)实现 a＋＋

2.5　循环的自动索引

所谓"自动索引"是指使循环框(即循环体)外面的数据成员逐个进入循环框,或者使循环框内的数据累积成一个数组后再输出到循环框外的特性和功能。For 循环和 While 循环都具有这种"自动索引"的功能。其中 For 循环自动索引功能默认是打开的,而 While 循环默认是关闭的。要打开或关闭自动索引的功能,可以在数据输入或输出循环体的节点上右击,弹出快捷菜单,选择"Enable Indexing"或"Disable Indexing"即可。

2.5.1　For 循环的数据通道与自动索引

数据通道是用连线工具连接循环框内外的数据端口时,在框架上自动形成的方形通道图标。

图标空心表明此时数据通道具有自动索引功能,实心图标不能索引。

自动索引是指将循环框外面的数组成员逐个依次进入循环体内,或将循环框内的数据累加成一个数组输出到循环框外面。

2.5.2　While 循环的数据通道与自动索引

While 循环也具有数据通道索引和移位寄存器、反馈接点的功能,它们的用法与 For 循环相同,只是 While 循环的边框数据通道默认为不能索引。

例如:图 2-15 中通道自动索引功能有效时,每一次循环产生一个新的数据,存储在循环的边框通道上,待循环结束以后,产生的 6 个数据将传送到一个数组指示器中。自动索引功能无效时,只有最后一次 For 循环产生的 1 个随机数传到循环外。

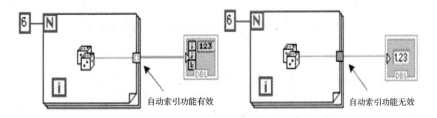

自动索引功能有效　　　　　　　　　自动索引功能无效

图 2-15　While 循环和 For 循环中的自动索引功能

范例展示

【例 2.8】　建立 For 循环和使用自动索引的功能。前面板和程序框图如图 2-16 所示。

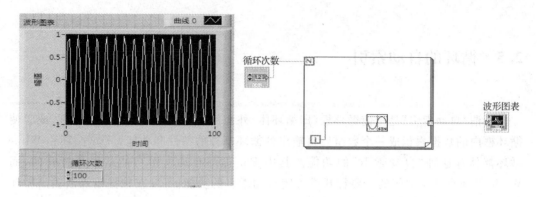

图 2-16 For 循环中使用自动索引的前面板和程序框图

2.6 Case 结构

Case 结构由选择框架、选择端口、选择标签,以及递增/递减按钮组成(见图 2-17)。它包含两个或者更多的子程序代码框(Case),每一个 Case 对应一种情况或条件,每次只执行一个 Case 中的程序代码。

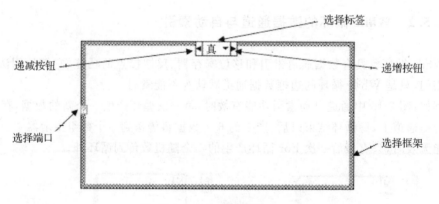

图 2-17 Case 结构组成

Case 结构有一个条件选择端口,根据该端口的值来判断执行哪一个 Case,选择端口的数据类型有布尔型、数字型和字符串型。在程序运行时应设置一个默认项来处理超出条件选项范围的情况,否则程序无法运行。

输入数据时,每个子 Case 框可连、也可不连数据通道;而输出数据时,每个子 Case 框必须为通道连接数据,否则程序不能运行。这时通道的端口图标若是空心的,表示该通道端口未被赋值,即未连接数据。只有当为每个子 Case 框的输出数据通道端口都连接数据后,图标才变成实心的,程序才能运行。若用鼠标右击 Case 框的输出数据端口,在弹出窗口中选择"未连线时候使用默认(Use Default if Unwired)",可使程序中没有连线的子

Case 框输出默认值。

范例展示

【例 2.9】　用 Case 结构实现两个数据的加减运算。前面板与程序框图如图 2-18 所示。

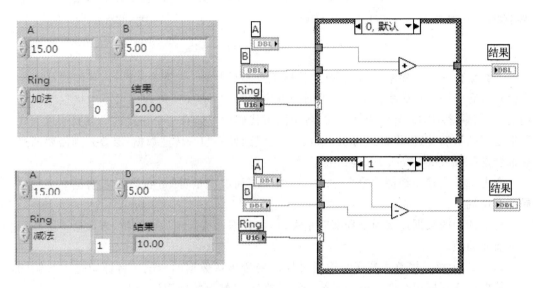

图 2-18　用 Case 结构实现两个数据的加减运算前面板与程序框图

在前面板选择相应的计算类型（Ring），进入相应的 Case 子程序，进行数据加减运算。

2.7　顺序结构

顺序结构在外形上与选择结构类似，即多个代码框堆叠在一起，类似于电影胶片的帧，每一帧为一段程序框图，按照帧的顺序由小到大来执行程序框图，最小的帧序号为 0。顺序结构有两种形式，即平铺式顺序和层叠式顺序结构，两者功能相同，其区别仅在于表现形式不同。

顺序结构的创建方法如下：

在函数模板的结构子模板中选择创建顺序结构。选取层叠式顺序结构。

右击结构边框，在弹出的快捷菜单中选择"在后面添加帧"或"在前面添加帧"可以增加子图形代码框。

右击结构边框，在弹出的快捷菜单中选择"替换"→"替换为平铺式顺序"，可以将层叠式顺序结构变换为平铺式顺序结构，如图 2-19 所示。

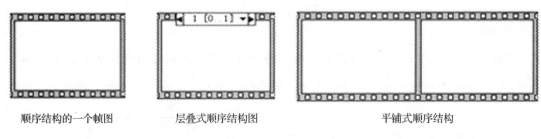

顺序结构的一个帧图   层叠式顺序结构图   平铺式顺序结构

图 2-19 顺序结构

当数据传递至顺序结构时,层叠式从标识 0 开始执行,依次顺序执行;平铺式从左至右执行所有子图形代码框。从结构外面向顺序结构写数据时,可连接可不连接这个数据通道;但当顺序结构向外输出数据时,各个图形代码框只能有一个连接这个数据通道。代码框之间的数据传递,平铺式可从一帧直接连线到另一帧来传递数据,层叠式则需要通过局部变量(Sequence Local)来传送数据。

右击层叠式顺序结构的边框,选择"添加顺序局部变量"即可在当前帧创建一个顺序局部变量端口。

将本帧中的数据连接到该局部变量端口,该数据就可传到后面的帧,该数据不会作用到它前面的帧。

图 2-20 示意了层叠式顺序结构通过局部变量传递数据的情况。将标识是 1 号帧的一个数据传递到标识是 2 号的帧进行"或"运算,0 号帧不能使用该数据。

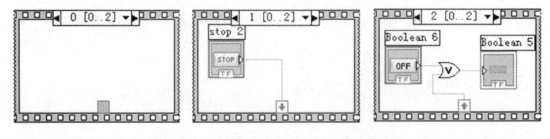

图 2-20 层叠式顺序结构通过局部变量传递数据

范例展示

【例 2.10】 使用顺序结构,计算查找与指定数相等的随机数所需的时间。前面板与程序框图如图 2-21 所示。

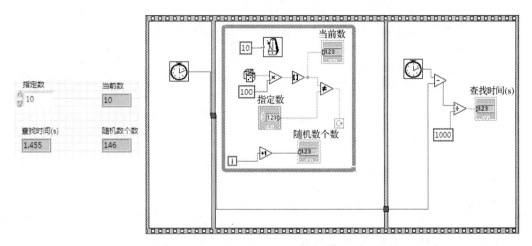

图 2-21　用顺序结构计算查找与指定数相等的随机数所需时间的相关程序前面板与程序框图

2.8　事件结构

事件结构包括结构框、事件标签、超时端口和事件数据端口,如图 2-22 所示。

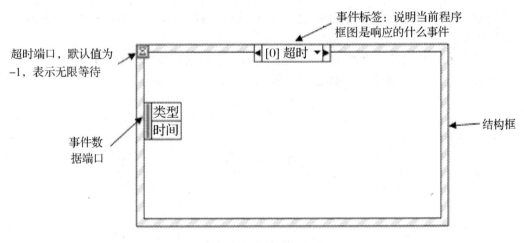

图 2-22　事件结构组成

使用事件结构时可有一个或多个子图形代码框,该图形代码框可以设置为响应多个事件。右击事件结构边框,从弹出的快捷菜单中选择"添加事件分支",这时将弹出编辑事件对话框,如图 2-23 所示。

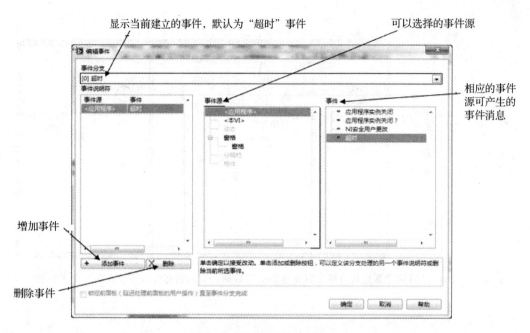

图 2-23 "编辑事件"对话框

范例展示

【**例 2.11**】 建立一个 5 秒的超时事件和一个"确定按钮"开关值发生变化的事件。

要求：

方法 1：任一事件发生都执行同一个子图形代码框程序，显示出对话框"超时或按了OK 键盘"。

方法 2：由不同的程序框图响应不同的事件，显示出对话框"超时事件"或"按了 OK键盘事件"。前面板与程序框图如图 2-24 所示。

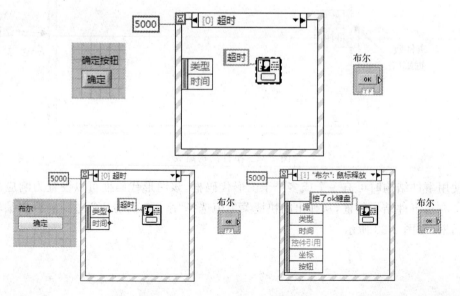

图 2-24 例 2.11 前面板与程序框图

2.9　公式节点

在程序框图中,如果需要设计较复杂的数学运算,框图将会十分复杂,工作量大,而且不直观,调试、改错也不方便。利用公式节点,只需将数学公式的文本表达式输入在公式节点的框图内,并连接相应的输入、输出端口,则 LabVIEW 会自动地根据公式计算出正确的结果,并从输出端输出。

2.9.1　公式节点的创建

(1)从函数模板的结构(Structures)子模板上选择公式节点(Formula Node),在框图中设置公式节点。

(2)公式节点的边框大小可以改变,用户可以使用标签工具,将数学公式直接输入公式节点的框内。

2.9.2　公式节点的使用

(1)可以声明变量,也支持一些常用的 C 语言的语句(包括赋值语句、条件语句、循环语句、Switch 语句),每条语句以分号结尾。

(2)输入公式后,需要添加输入、输出端口。

(3)在添加端口后出现的方框内填入变量名称。

(4)将输入端口和程序中的数据端口相连接。

(5)将输出端口和程序中的指示端口相连接。

2.9.3　公式节点中常用的运算符

公式节点中常用的运算符如表 2-1 所示。

表 2-1　公式节点中常用运算符

运算符	含义
＋、－、* 、/、* *	加、减、乘、除、乘方
＝	赋值
&&、||、!	逻辑与、或、非
＝、! ＝	等于、不等于

续表

运算符	含义
>、<、>=、<=	大于、小于、大于或等于、小于或等于
++、--	加一、减一
？：	条件运算符

其中,条件运算符的"?"前的部分是判定条件,"?"和":"间的部分为当条件为 True 时的表达式,":"后的部分为当条件为 False 时的表达式。

2.9.4　公式节点适用函数及语句

在公式节点语句中可以使用的数学函数有:abs、acos、acosh、asin、asinh、atan、atan2、atanh、ceil、cos、cosh、cot、csc、exp、expml、floor、getexp、getman、int、intrz、ln、lnp1、log、log2、max、min、mod、pow、rand、rem、sec、sign、sin、sinc、sinh、size of dim、sqrt、tan、tanh。

公式节点的语法与 C 语言相同,使用语句有:IF 条件语句、For 和 do｛　｝、While 循环和 Swtich(　) Case 分支语句。

范例展示

【例 2.12】　用公式节点计算 $y_1 = x^3 + x^2 + 5$ 和 $y_2 = m * x + b$。

分析:

在公式节点上添加输入与输出,分别为 m、b、x、y_1、y_2。3 个输入量经过公式节点中的两条语句完成指定的运算,通过输出端口输出 y_1 和 y_2。前面板与程序框图如图 2-25 所示。

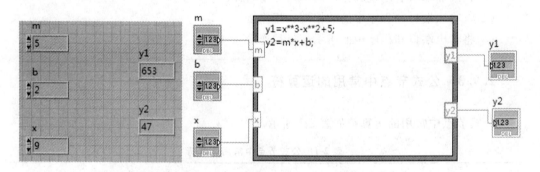

图 2-25　运算前面板与程序框图

【思考题】

1. While 循环和 For 循环有何不同?

2. 分析下面的 VI。前面板上有一个数值输入控件和一个数字结果显示控件。

(1)程序框图采用的是什么结构？

(2)  图标在哪个子模板下？

(3)分析该 VI 的功能。当输入为 49 时,输出结果是什么? 当输入为一5 时,结果是什么?

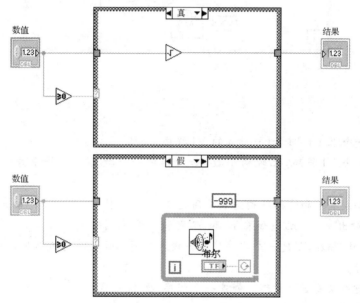

3.分析下面的 VI。前面板上有一个数值输入控件和数字结果显示控件。

(1)程序框图采用的是什么结构?

(2)分析该 VI 的功能。结果和输入 N 有什么关系?

(3)如果换成 For Loop 结构,流程框图应如何画? (也要用到移位寄存器)

(4)For Loop 结构和上面采用的结构,有什么区别?

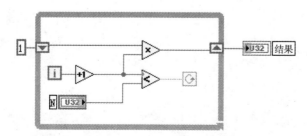

4. 下图的移位寄存器是如何添加的？

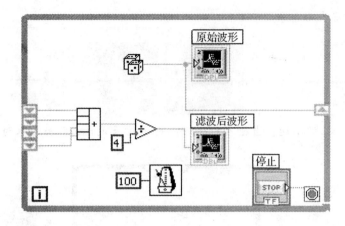

【练习】

1. 设计一个求 $1+2+3+\cdots+n$ 的 VI 程序。

2. 创建一个 VI 程序，比较两个数，如果其中一个数大于或等于另一个数，则 LED 灯亮。

3. 利用公式节点和选择结构完成下列运算：输入数值 x_1 和 x_2，如果 x_1 和 x_2 之和大于等于 0，则输出 $x_1+\sin x_2$；如果 x_1 和 x_2 之和小于 0，则输出 $\sin x_1+x_2$。

4. 用 While 循环，创建一个程序使之当输入 0 到 100 之间的随机数，大于等于循环次数时继续运行。

5. 学习使用双重 For 循环。创建一个程序，画出 X 从 1 到 N 的立方和曲线（N 大于等于 1，小于等于 100，X、N 均为整数）

6. 设计一个 VI 能够像计算器一样进行运算。前面板上有两个数字控制器，用来输入两个数字，另有一个指示器，用来显示 VI 对输入数字进行运算（Add、Subtract、Divide 或 Multiply）的结果。用一个滑动条控制器来选择加、减、乘、除运算。

实验三

数组和簇

LabVIEW 采用数组、簇作为最基本的数据复合类型。数组是一系列同类型数据的组合,而簇可用于组合不同类型的数据元素。其中,波形可认为是一种特殊类型的簇。

通过本次实验,要掌握数组及簇的应用,并能用数组和簇实现数据操作。

3.1 数组的概述

数组是同一类型数据的集合。LabVIEW 中的数组可以为任何数值型、布尔型或字符串型。数组可以是一维的,在内存允许的情况下,也可以是多维的,每维最多可以包含 2^{21} 个元素。通过数组指针索引可以访问数组元素,指针在 0 到 $N-1$ 的范围内变化,图 3-1 所显示的是由数值构成的一维数组。注意第一个元素的索引号为 0,第二个是 1,依此类推,而 N 就是数组元素的个数。

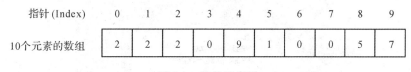

图 3-1 数组示意图

3.1.1 数组的创建

数组的创建有多种不同的方法,可以在前面板进行创建,也可以在程序框图中建立,另外,还能通过循环进行创建。以下就对这三种方式进行进一步讲解。

1. 在前面板创建数组控件

(1)创建数组壳。

从控制模板的数组、矩阵与簇子模板中选择数组 Array 控制器,放在前面板上,即建立了一个空的数组壳(Array Shell)。

(2)建立数据对象。

把一个数据对象拖入数组壳,或者从控制模板中添加一个数据对象到数组壳中,这样就可以完成数组的创建,如图 3-2 所示。

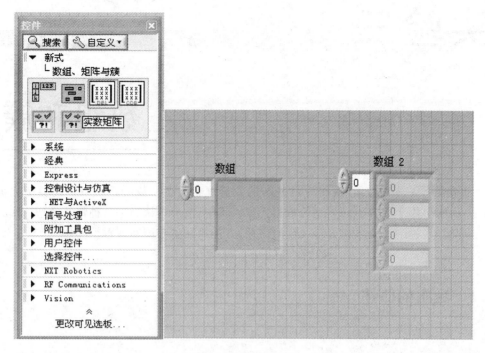

图 3-2　数组的创建

右击数组壳左边的指针标记,在弹出的菜单中选择"添加维度"选项,可以增加数组的维数,如图 3-3 所示。

图 3-3　数组维数的添加

2. 在程序框图窗口中创建数组

在程序框图窗口中创建数组常量,最一般的方法类似于在前面板上创建数组。从数组子模板中选择数组常量,将其放置在程序框图中,然后选择数据常量对象(如数值常数、布尔常数或字符串常数)放置入数组框中,最后为数组元素赋值即可。

　　3. 利用循环创建数组

　　在 For 循环和 While 循环的边框上可以自动地累积数据,形成数组,这种特性被称为自动索引。自动索引为打开状态时,每一次循环产生一个新的数组元素,并存储在循环的边框上。相反,若自动索引被设为无效,则只有最后一次循环产生的数传到循环外。通常,For 循环数据出口的自动索引默认为有效,而 While 循环的自动索引默认为无效。右击数据出口信道,在弹出的菜单中可修改自动索引,如图 3-4 所示。

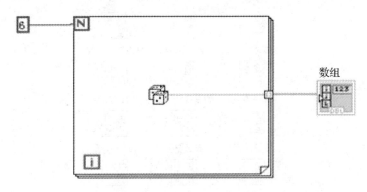

图 3-4　利用循环创建数组

范例展示

【例 3.1】　利用自动索引创建二维数组。前面板与程序框图如图 3-5 所示。

　　提示:使用两个 For 循环,把其中一个嵌套在另一个中,可以生成一个二维数组。外层的 For 循环产生行,而内层的 For 循环产生列。

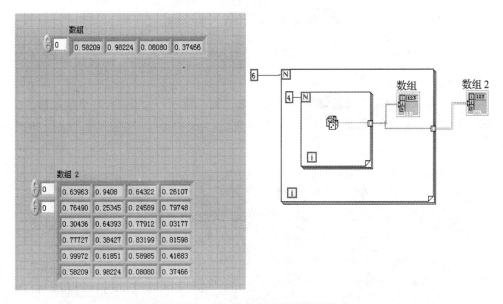

图 3-5　例 3.1 前面板与程序框图

3.1.2 数组函数

LabVIEW 提供了很多操作数组的功能函数,包括数组大小、索引数组、数组插入、数组子集、数组的最大值与最小值等等,如图 3-6 所示。

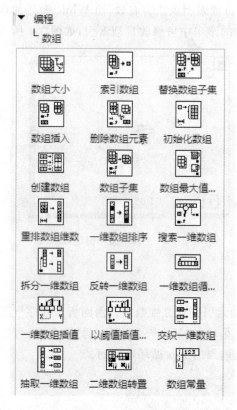

图 3-6 数组函数

1.数组大小函数

该函数可以返回输入数组每个维度的元素个数。对于一维数组,该函数返回一个 32 位的整型数字。对于二维或多维数组,该函数返回一个一维 32 位整型数组,如图 3-7 所示。

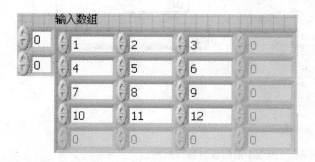

图 3-7 数组大小函数举例

2.数组索引函数

该函数用于访问数组中的某个元素。将一个二维数组与数组索引函数相连,索引数组就会含有 2 个索引端子。将一个三维数组与数组索引函数相连,就会含有 3 个索引端子,以此类推。可以使用的索引端符号是一个黑方快,被禁止使用的索引端是一个空心的小方框。当给一个被禁止使用的索引端连接上一个 Constant 或 Control 时,它会自动变为黑方快,即变为可以索引。相反,原来一个可以使用的索引端上连接的 Constant 或 Control 被删去时,索引端符号会自动变为空心的小方框,即变为禁止使用,如图 3-8 所示。

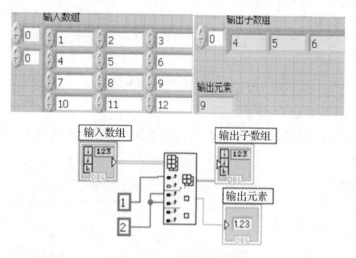

图 3-8　数组索引函数举例

3.替换数组子集函数

该函数可以替换数组中特定行、特定列的元素。使用方法与数组索引函数方法类似,只是需要增加一个输入,用于指定替换部分被替换后的内容,如图 3-9 所示。

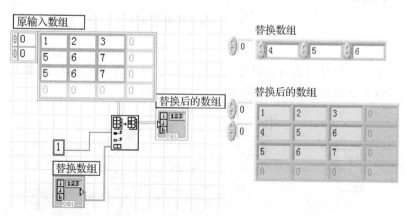

图 3-9　替换数组子集函数举例

4.数组插入函数

向数组指定位置插入若干行或若干列新元素,如图 3-10 所示。

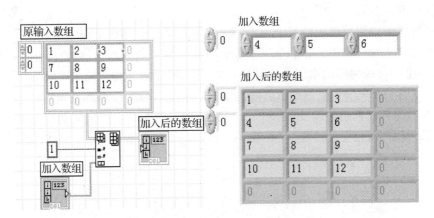

图 3-10　数组插入函数举例

5.删除数组元素函数

该函数功能与插入数组函数功能相反,可实现从一个数组中删除单个元素或者子数组,如图 3-11 所示。

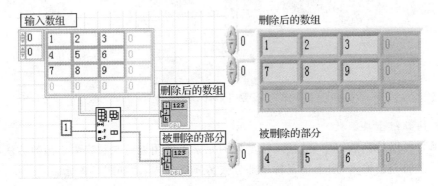

图 3-11　删除数组元素函数举例

6.初始化数组

该函数用于创建所有元素值都相等的数组。数组的初值由元素决定,数组的维数由输入端子的维数大小决定,如图 3-12 所示。

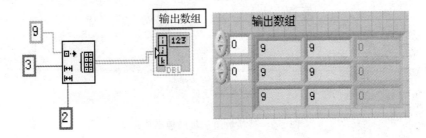

图 3-12　初始化数组函数举例

7.创建数组函数

该函数可以把多个数组组合成一个数组,或对一个数组添加元素。开始创建函数时,具有一个标量输入端子,可以根据需要向该函数中加入任意数量的输入。输入可以是标量或者数组,右击函数的左侧,在弹出的菜单中选择"添加输入"即可,还可以用变形工具来增大节点的面积(把移位工具放置在某个对象的边角就会变成变形光标),如图 3-13 所示。

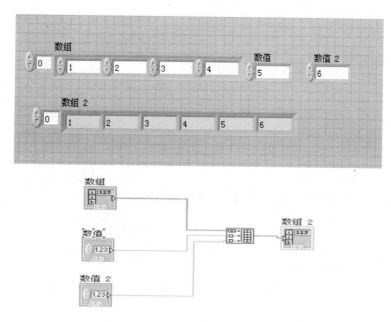

图 3-13 创建数组函数举例

8.数组子集

该函数可以选取数组或者矩阵的某个部分,即返回从某个指针开始的部分数组,并包括了长度元素。图 3-14 显示了数组子集的具体使用。应注意的是,数组索引从 0 开始。

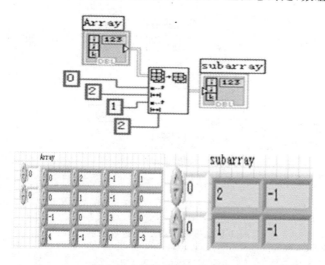

图 3-14 数组子集函数举例

9. 一维数组循环移位函数

该函数能使数组中的元素移动多个位置，方向由 n 决定，如图 3-15 所示。

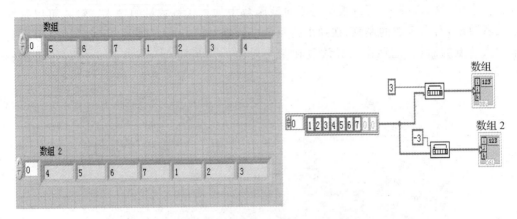

图 3-15   一维数组循环移位函数举例

10. 反转一维数组函数

该函数用于反转数组中元素的顺序，具体使用如图 3-16 所示。

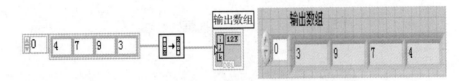

图 3-16   反转一维数组函数举例

11. 搜索一维数组函数

在一维数组中，从"开始索引"处开始搜索元素。由于搜索是线性的，因此调用该函数前不必对数组排序。找到元素后，LabVIEW 可立即停止搜索，如图 3-17 所示。

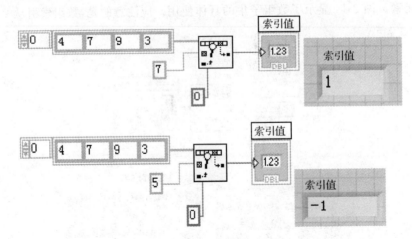

图 3-17   搜索一维数组函数举例

12. 拆分一维数组函数

该函数可在索引位置使数组分为两部分,返回两个数组,如图 3-18 所示。

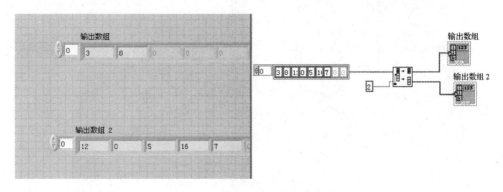

图 3-18 拆分一维数组函数举例

13. 一维数组排序函数

该函数可返回数组元素按照升序排列的数组,如图 3-19 所示。

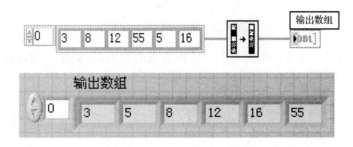

图 3-19 一维数组排序函数举例

14. 获得数组最大值和最小值的函数

该函数可以返回数组中的最大值和最小值,而不论输入数组的维度是多少,同时还返回最大值、最小值所对应的索引值,如图 3-20 所示。

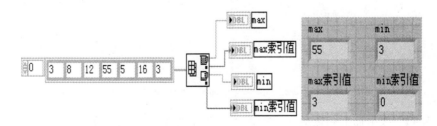

图 3-20 获得数组最大值和最小值函数举例

范例展示

【例 3.2】 求数组的大小,并检索数组,得到指定位置的元素或子数组。前面板与程序框图如图 3-21 所示。

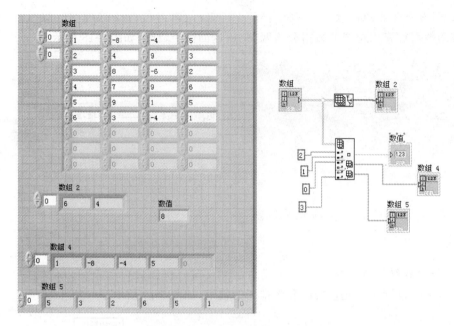

图 3-21　例 3.2 前面板与程序框图

【例 3.3】 设计一个 VI,产生 9 个随机数组成的数组,先倒序排列,再按从小到大排列,并且求出最大值、最小值。前面板与程序框图如图 3-22 所示。

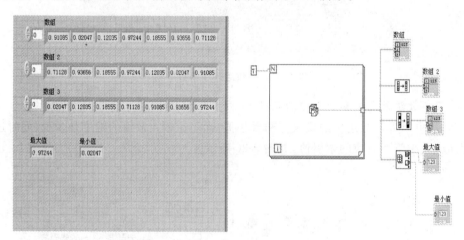

图 3-22　例 3.3 前面板与程序框图

【例 3.4】 数组插值函数应用。前面板与程序框图如图 3-23 所示。
要求:在一个数组曲线中,插入任一坐标的一个值可求出其他对应坐标的值。

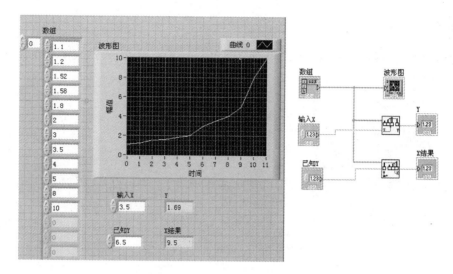

图 3-23　例 3.4 前面板与程序框图

3.1.3　线性代数子模板

线性代数子模板如图 3-24 所示。

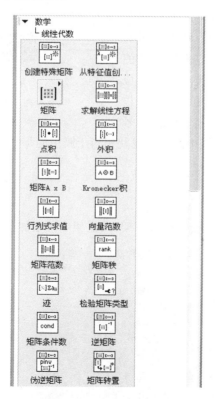

图 3-24　线性代数子模板

范例展示

【例 3.5】 解线性方程 $AX=Y$。要求，创建一个程序，已知 A,Y，求解 X。前面板与程序框图如图 3-25 所示。

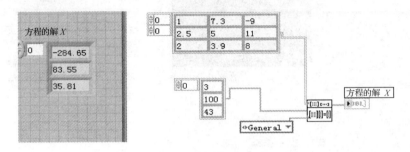

图 3-25　例 3.5 前面板与程序框图

3.2　簇的概述

簇是一种可以把相同或不同类型的数据组合在一起的数据结构，类似于 C 语言中的结构体数据类型 struct。簇的成员有一种逻辑上的顺序，这是由它们放进簇的先后顺序决定的，与它们在簇中的摆放位置无关。我们可以把簇形象地理解为一根多芯电缆，如图 3-26 所示。将不同的信号线捆绑在一起进行传输，电缆中的每根线就相当于簇中的每个元素。

图 3-26　多芯电缆

3.2.1　簇的创建

方法 1：在前面板放置一个簇的空框架，在框架中再增加簇的元素，如图 3-27 所示。

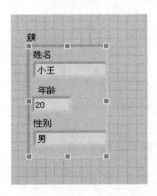

图 3-27　在前面板中创建簇

方法 2：在程序框图中使用捆绑（Bundle）函数（Cluster 子模板中）。Bundle 函数可以新建簇，并且可以在已有的簇中添加元素，如图 3-28 所示。

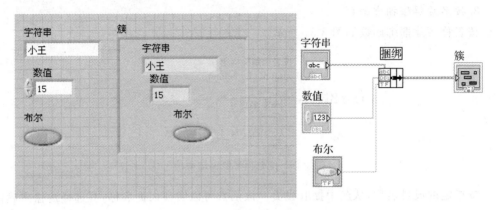

图 3-28　在程序框图中创建簇

3.2.2　簇函数介绍

1. 解除捆绑函数

解除捆绑函数如图 3-29 所示。

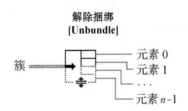

图 3-29　解除捆绑函数

该函数用于从簇中提取单个元素值，输出元素按在簇中编号顺序，从上到下依次排列。LabVIEW 还提供了一种可以根据元素的名字来捆绑或分解簇的方法，稍后介绍。

2. 合成簇函数

合成簇函数如图 3-30 所示。

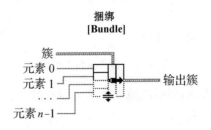

图 3-30　合成簇函数

该函数可以将各个不同数据类型的数据组成一个簇，也可以修改给定簇中的某一个元素值。可以通过位置工具拖曳其图标的右下角,以增加输入端子的个数。最终簇的顺序是取决于被捆绑的输入的顺序。

3. 按名称解除捆绑函数

按名称解除捆绑函数如图 3-31 所示。

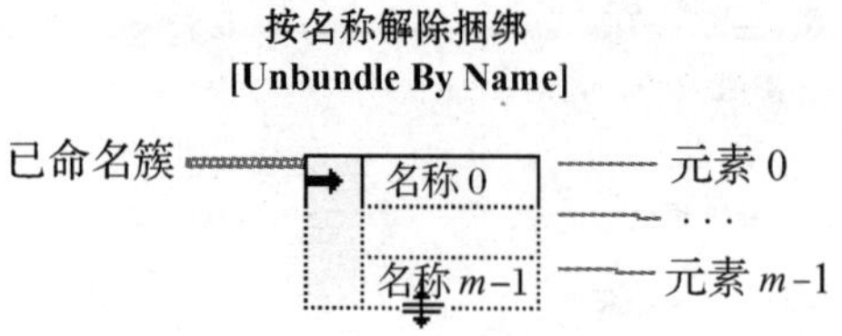

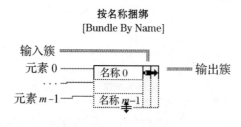

图 3-31 按名称解除捆绑函数

按指定的成员名称,从簇中提取成员。该函数可以实现根据名称,有选择地输出簇内部元素。

4. 按名称捆绑函数

按名称捆绑函数如图 3-32 所示。

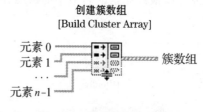

图 3-32 按名称捆绑函数

可以按照簇中成员的名称替换簇中的成员,但不能创建一个簇。该函数依据名称,而非簇中元素的位置引用簇元素。

5. 创建簇数组函数

创建簇数组函数如图 3-33 所示。

创建簇数组
[Build Cluster Array]

元素 0 ⎯⎯⎯⎯⎯
元素 1 ⎯⎯⎯⎯⎯   ⎯⎯⎯⎯ 簇数组
  ...
元素 *n*-1 ⎯⎯⎯⎯⎯

图 3-33 创建簇数组函数

使每个元素输入捆绑为簇,然后组成以簇为元素的数组。

6. 索引与捆绑簇数组函数

索引与捆绑簇数组函数如图 3-34 所示。

对多个数组建立索引,并创建簇数组,第 *i* 个元素包含每个输入数组的第 *i* 个元素。

索引与捆绑簇数组
[Index & Bundle Cluster Array]

图 3-34　索引与捆绑簇数组函数

7. 簇至数组转换

簇至数组转换如图 3-35 所示。

簇至数组转换
[Cluster To Array]

簇 ⋯⋯⋯▤▥⋯⋯ 数组

图 3-35　至数组转换函数

使相同数据类型元素组成的簇,转换为数据类型相同的一维数组。

8. 数组至簇的转换

数组至簇转换如图 3-36 所示。

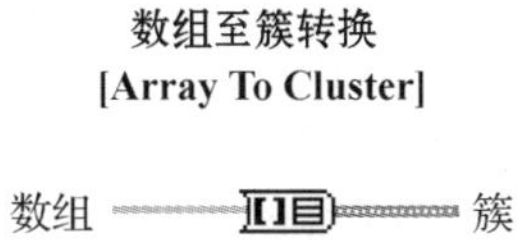

数组至簇转换
[Array To Cluster]

数组 ────▥▤── 簇

图 3-36　数组至簇的转换函数

该函数可转换一维数组为簇,簇元素和一维数组元素的数据类型相同。右击函数,在快捷菜单中选择簇大小,设置簇中元素的数量。

范例展示

【例 3.6】　将学生的情况表,包括姓名、学号形成一个簇,同时可以修改并显示姓名。前面板与程序框图如图 3-37 所示。

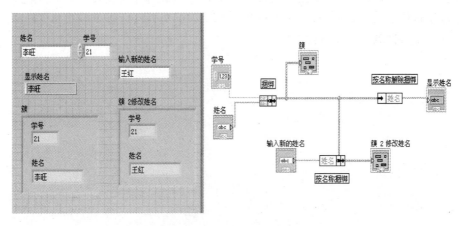

图 3-37　例 3.6 前面板与程序框图

【思考题】

1. 解释例 3.1 程序框图显示的产生二维数组的过程。

2. 结合以下前面板及程序框图,思考

(1) 题中如何实现数据的从小到大排列?

(2) 若要实现数据的从大到小该如何修改?

(3) 若要显示随机数的均值,应如何修改框图?

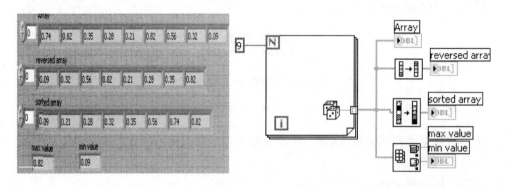

【练习】

1. 设计一个 VI,产生如下的常数数组:

1.0   2.0   3.0   4.0

2.0   3.0   4.0   5.0

3.0   4.0   5.0   6.0

2. 设计一个 VI,把 50 个随机数组成的数组倒序排列,如把 Array[0] 变为 Array[49],以此类推。

3. 创建一个簇,包含学号(整型,1)和姓名(字符串,"张三"),用"按名称捆绑"簇函数,将刚才创建的簇中的姓名修改成"李四",并显示修改后的新的簇中的内容。

4. 设计一个 VI,产生一维数组,然后将相邻的一对元素相乘(从元素 0 和元素 1 开始),最后输出结果数值。例如,输入数组值为 1,23,10,5,7,11,输出数组为 23,230,50,35,77。(提示:用"抽取一维数组"函数)

实验四

图形显示

LabVIEW 吸引人的特性之一，就是为数据的图形化显示提供了丰富的图形显示功能控件，可使虚拟仪器前面板设计得更加形象、直观，增强了用户界面的表达能力。

通过本次实验，要掌握 LabVIEW 的图形显示功能，并能应用这一功能实现具体操作。

4.1　图形显示概述

图形子模板提供了许多图形显示控件，分别有：波形图表、波形图、XY 图、Express XY 图、强度图表、强度图、数字波形图、混合信号图、罗盘图、误差线以及三维图形等，如图 4-1 所示。其中最常用的图形控件是波形图表和波形图。

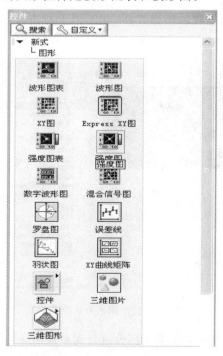

图 4-1　图形详表

图 4-1 的图形控件中,波形图表和波形图从词面上只差一个字,但两者的用法有着根本的区别。

波形图表一般可称为"记录图",它将数据在坐标系中实时、逐点(或者一次多个点)地显示出来。波形图表可以反映被测物理量的变化趋势,与传统的模拟示波器、波形记录仪的显示方式相似。而波形图则是对已经采集的数据进行事后处理,它先得到所有要显示的数据,然后根据实际要求将这些数据组织成所需的图形一次性显示出来。即波形图表是逐点描绘数据,而波形图是整体描绘数据;另外,两者所要求的数据类型也有所不同。

4.2 波形图表

波形图表的数据是逐点实时显示的,无需事先将数据存在一个数组中;为了查询先前的数据,波形图表控件内部提供了一个显示缓冲器,其中保留了一些历史数据。这个缓冲器按照先进先出的原则管理,其最大容量是 1024 个数据点。图表的滚动条直接对应于显示缓冲器,通过它可以观察缓冲器内任何位置的数据,如图 4-2 所示。

图 4-2 显示缓冲器

4.2.1 波形图表的快捷菜单

在前面板可设置波形图表的组件性质,在图形上右击可显示快捷菜单,如图 4-3 所示,在菜单选项里,可设置组件的可见性。

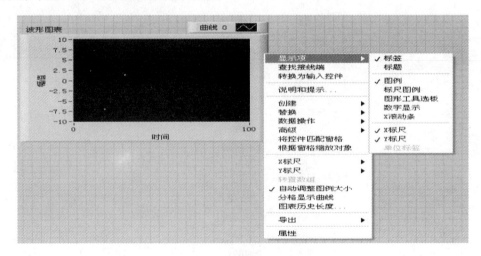

图 4-3 波形图表的快捷菜单

以下根据图 4-4 对波形图表的各个部分进行简单说明。

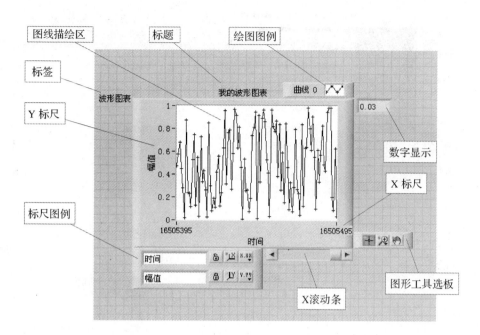

图 4-4　波形图表简介

（1）标签：说明引用对象，在程序框图中也可以显示相应标签。

（2）标题：说明对象的名称，默认情况下与对象的标签相同。

（3）Y 标尺：默认纵坐标标签为幅值。

（4）图线描绘区：显示波形的区域，默认情况下的图线描绘区不显示栅格。设置栅格的方法：右击波形图表，在弹出的菜单中选择 Y 标尺或 X 标尺，在下一级菜单选择格式化；右击刻度值，在弹出的菜单中直接选择格式化。在格式化对话框中，选择标尺菜单下的网格样式与颜色选项，直接单击左边的图标，设置为不显示栅格、显示主栅格或显示子栅格，如图 4-5 所示。

（5）标尺刻度图例：图 4-4 中左边锁形图标 🔒 是刻度锁定钮，锁定时为自动比例状态，同时它右边相邻的图标中绿灯被点亮 。开锁时，说明刻度在固定值状态。在程序运行状态下，可以单击右边的按钮 ，修改刻度的格式、刻度数据的计数方法和精度、刻度值分布模式、刻度值与标签的可见性、栅格颜色等。

（6）绘图图例：显示波形图表中图线的样式，以利于区分每条线的意义。每条曲线的设置方法是：右击弹出菜单，对这条图线的绘图方式、颜色、线型、线宽等属性进行设置。

（7）数字显示：显示图线中最新一点数据的幅值。

（8）图形工具选板：十字按钮 ➕ 可将操作模式切换到普通模式，在普通模式下可以移动游标；缩放工具 🔍 共有 6 个功能。

①矩形缩放：选择该项后，在显示区上，按住鼠标左键拉出一个方框，方框内的图形将被放大。

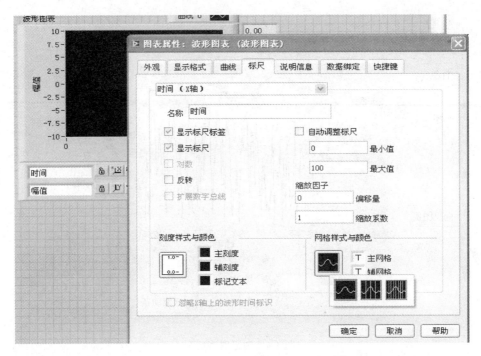

图 4-5　设置栅格

②水平放大:波形只在水平方向将两条横线间的区域放大,垂直方向保持不变。

③垂直缩放:波形只在垂直方向上放大,水平方向上保持不变。

④取消缩放:取消最近的一次缩放操作。

⑤连续缩放:选中该项后,在显示区内按住鼠标左键,波形将以鼠标指针停留位置为中心连续缩放。

⑥平移工具 ,用于在 X—Y 平面上移动可视区域的位置。

(9)滚动条:水平移动图线,可以显示窗口以外的数据。

(10)横坐标刻度:默认横坐标标签为时间,其他的设置类似纵坐标。

4.2.2　波形图表的设置

(1)波形图表显示数据的方式是周期性的刷新显示区,并将数据存储在默认大小为 1024 个数据的缓冲区中。在波形图表的弹出菜单中,可选择图表历史长度对缓冲区大小进行修改。

(2)刷新模式:波形图表有 3 种动态显示模式,分别为条幅式、示波器式和扫描式。右击波形图表控件,弹出下拉菜单,用鼠标单击"高级"→"刷新模式"选项,可以设置波形显示的刷新模式。三种刷新模式的意义。

①条幅式:默认模式。在这种模式下,波形从左向右开始绘制,当最新一点超出显示器右边界时,整个波形顺序左移。

②示波器式：在这种模式下，波形同样从左向右开始绘制，但当最新一点画至显示器右边界时，整个波形将被清屏刷新，波形显示从左边界重新开始绘制一条新的图线。示波器显示模式明显快于条幅式，因为它无需处理滚动过程所需的时间。

③扫描式：这种模式与示波器式类似，波形也由左到右开始绘制，不同的是数据到达右边界时，不是将显示区清空，而是用一条垂直的红色线界定新数据的起点，此线随新数据的到达在显示区内横移。

（3）图表的多图线显示方式：在一个图表中显示多条图线时，可以采用两种方式：分隔显示曲线（Overlay Plots）或者层叠显示曲线（Stack Plots）。

范例展示

【例 4.1】 波形图表中多图线显示方式的应用。

（1）分隔显示曲线。前面板与程序框图如图 4-6 所示。

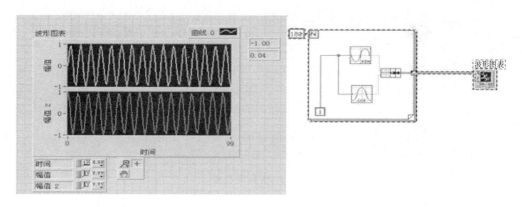

图 4-6 分隔显示曲线前面板与程序框图

（2）层叠显示曲线。前面板与程序框图如图 4-7 所示。

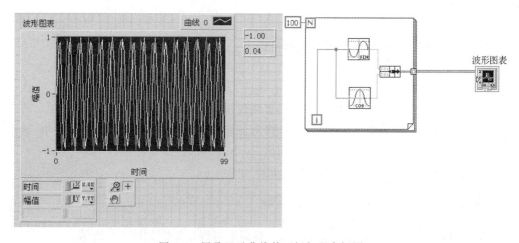

图 4-7 层叠显示曲线前面板与程序框图

4.3 波形图

波形图的组件及功能与波形图表基本类似,其不同之处在于波形图具有以下特点:①事后处理;②一次性显示以前的所有数据;③等时间间隔地显示数据点;④每一时刻只有一个数据值,类似单值函数;⑤可绘制一条或多条曲线,数据组织格式不同。此外,波形图没有数字显示,但是具有游标工具。利用波形图上两条游标刻线交点处的游标坐标值,能够准确地读出图线上任何一点的数据值。右击波形图,在弹出的菜单中选择"显示项"→"游标图例",即可显示出游标图例板,如图 4-8 所示。

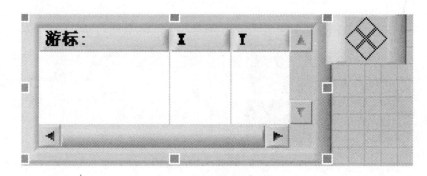

图 4-8 游标图例板

波形图的数据格式如下:

当绘制单曲线时,可接受两种数据格式:

(1)连接一维数组;

(2)连接簇数据类型。

当绘制多条曲线时,可接受如下数据格式:

(1)连接二维数组;

(2)连接一个簇;

(3)把数组打包成簇,然后以簇作为元素组成簇数组;

(4)在由数值类型元素 X_o,dX 以及以簇为元素的数组这 3 个元素组成的簇中,数组元素的每一个簇元素都由一个数组打包而成,每个数组都是一条曲线;

(5)连接由簇作为元素的二维簇数组。

范例展示

【例 4.2】 波形图表和波形图的区别。前面板与程序框图如图 4-9 所示。

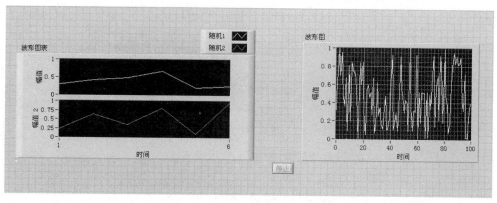

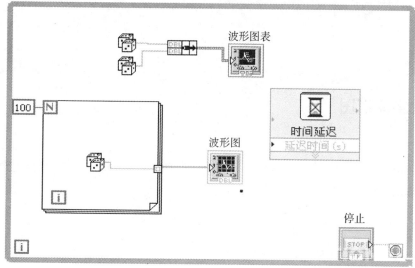

图 4-9 例 4.2 前面板与程序框图

4.4 XY 图和 Express XY 图

波形图有一个特征,横轴 X 是测量点序号、时间间隔等,纵轴 Y 是测量数据值,因此它并不适合描述一般的 Y 值随 X 值变化曲线。适合于这种情况的控件是 XY 图,XY 图不要求水平坐标等间隔分布,而且允许一对多的映射,比如绘制各种封闭曲线圆和椭圆等。

XY 图和 Express XY 图的输入数据需要包含两个一维数组,分别包含数据点横坐标的数值和纵坐标的数值。在 XY 图中需要将两个数组组合成为一个簇,而在 Express XY 图中则只需要将两个一维数组分别和该 VI 的两个输入数据端口(X 输入端和 Y 输入端)相连即可。

范例展示

【例 4.3】 利用 XY Graph 构成李萨育图形。前面板与程序框图如图 4-10 所示。

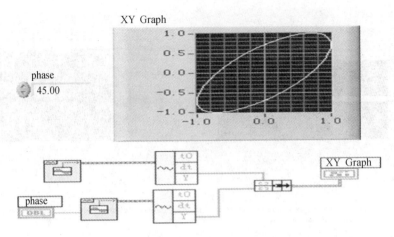

图 4-10　例 4.3 前面板与程序框图

4.5　数字波形图

数字波形图主要用于显示数字信号，每路信号只有 0 和 1 两个取值，其余元素的设置方法和波形图表以及波形图相似。

范例展示

【例 4.4】 用数字波形图显示 8 路数字信号，每路信号经历 5 个时钟周期。前面板与程序框图如图 4-11 所示。

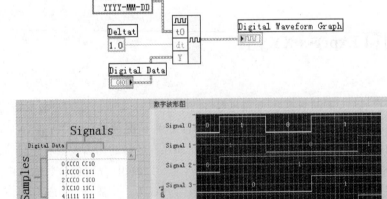

图 4-11　例 4.4 前面板与波形图

4.6　三维图形显示

在很多情况下,用三维图形绘制数据会显得更加形象。LabVIEW 提供了三维图形显示波形的控件,如强度图表、强度图、三维图形等。

(1)强度图表

在强度图表中,Z 坐标数据存储在一个二维数组中,X 坐标和 Y 坐标分别为每个数据点的索引值。默认情况下,二维数组的每一行对应强度图的每一列。若想要改变这种关系,可以右击控件,选择转置数组。

在控件的 Z 坐标颜色梯度线上右击,选择"刻度间隔"→"任意",再次右击颜色梯度线,在弹出的快捷菜单中选择"添加刻度"选项。在出现的刻度上右击,选择"刻度颜色"选项,然后在弹出的"颜色"对话框中选择颜色即可改变图表中每个数据点的颜色,如图 4-12所示。

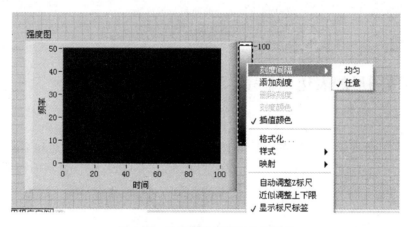

图 4-12　改变图表中数据点的颜色

(2)强度图

强度图与强度图表不同,是逐点显示数据。强度图中每当新的数据到来时,自动将旧数据向前移动;而强度图表则显示一段数据,当一段新的数据到达时自动刷新原有的旧数据。

(3)三维图形

LabVIEW 2010 中提供的三维图形包括三维曲面图形、三维参数图形、三维线条图形等。下面给出一个三维曲面图形示例。

范例展示

【例 4.5】　绘制三维曲面图形,前面板与程序框图如图 4-13 所示。

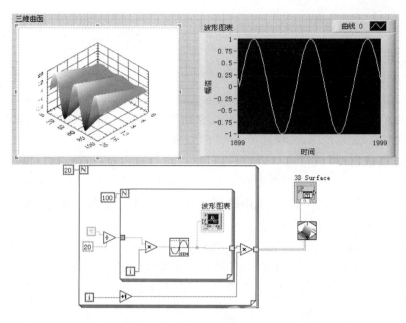

图 4-13   例 4.5 前面板与程序框图

4.7   其他图形的表达与显示

LabVIEW 还提供了对极坐标图、雷达图以及图片等多种图形表达和显示方式的支持,如图 4-14 所示。在这个模板中最常用的一个函数是对图片进行显示的函数 Picture,它的图标是 ⬛。

图 4-14   控件面板

LabVIEW 提供了强大的基于像素级别的图像处理功能,可用于对图像的读取、处理和显示,也可以按照用户的需求用简单的点、线、面等元素绘图。另外,LabVIEW 还可以显示多种格式的图片文件,如 BMP 位图文件、JPEG 格式文件和 PNG 格式文件。

【思考题】

1. 波形图表与波形图有何区别？

2. 以下程序可以获得波形数据中的最后一个数据的时刻，获得波形数据中波形延续的时间，改变波形数据的时间间隔。其前面板及程序框图如下所示，试考虑：

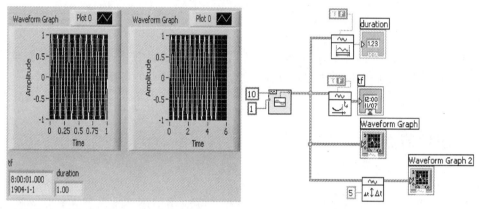

(1)上述功能分别是如何实现的？
(2)XY 图和 Express XY 图有何区别？

【练习】

1. 用 Waveform Chart 实时监测一个温度测量输出，温度值用 0～100 的随机数模拟实现，要求 Chart 的数据类型是一次一个点的方式接收数据，循环延时时间为 100 ms。

2. 仍采用上题的随机数发生器，但输出要求 Chart 的数据类型是一次一个数组的方式接收数据。

3. 使用移位寄存器求平均值。每隔 500 ms 产生模拟测量温度（温度值用 0～100 的随机数模拟实现），对连续三次测量温度值求平均，并在波形 Chart 中显示实测温度点和平均温度曲线，加上实测温度和平均温度的数值显示。

实验五

LabVIEW 编程技巧

属性节点及局部变量在 LabVIEW 中使用非常广泛。通过本章的学习,要掌握属性节点、局部变量和全局变量的创建和使用,重点体会属性节点的各项功能。

5.1 属性节点

LabVIEW 提供了丰富的前面板对象,但在实际应用中还经常需要在程序运行过程中实时地改变前面板对象的颜色、大小、位置和可见性等属性,为此,引入了属性节点(Attribute Node 或 Property Node)的概念。

属性节点是一种特殊的流程框图节点,简单地说属性节点是对象属性的一个替身,可以通过对属性节点的"写"操作,完成对对象属性的修改。

属性节点是程序访问对象属性的中介,利用属性节点可以在程序运行中动态地改变前面板对象的属性。

5.1.1 属性节点的创建

属性节点的创建有两种方法(见图 5-1)。

方法一:右击前面板对象或它的图形代码端口,在弹出的快捷菜单中选择"创建"→"属性节点"。

方法二:在程序框图窗口的"编程"→"应用程序控制"子模板中,选取"属性节点"放在程序框图窗口中。此时创建的属性节点,其顶端除了"错误输入"和"错误输出"这一对参数,还有一对"引用"和"引用输出"参数。然后再为前面板的对象创建参考数,参考数节点创建后,将它与"引用"连线即可。

应当注意的是,为便于在程序框图中的不同位置进行属性操作,对一个前面板对象可以多次创建属性节点或克隆已有的属性节点。方法是:按住"Ctrl"键拖动属性节点到一个新的克隆位置。如果用复制粘贴的方法,会找到一个自由的属性节点,需要重新建立与某个对象的关联。

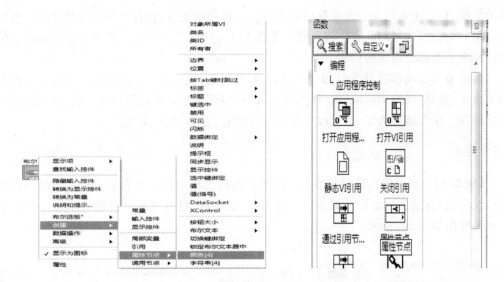

图 5-1 创建属性节点的两种方法

5.1.2 属性节点的使用

本节主要介绍前面板对象共有且常用的一些属性的用法。

1. 可见性(Visible Attribute)

该属性用来控制前面板对象在前面板窗口是否可视,其数据类型为布尔型。当 Visible Attribute 为 True 时,可视;当为 False 时,隐藏状态。

2. 可用性(Disable Attribute)

该属性用来控制用户是否可以访问一个前面板对象,其数据类型为整型。当输入值为 0 时,与之相联系的对象可用;为 1 时,与之相联系的前面板对象不可用;为 2 时,与之相联系的前面板对象不可用且变暗。

3. 键盘焦点(Key Focus Attribute)

该属性用于控制前面板对象是否处于键盘焦点状态,其数据类型为布尔型。当输入值为 True,前面板对象处于键盘焦点状态;当为 False 时,失去键盘焦点状态。

4. 闪烁(Blinking Attribute)

该属性用于控制前面板对象是否闪烁,数据类型为布尔型。当输入为 True,前面板处于闪烁状态;当输入为 False,前面板对象处于正常状态。前面板对象闪烁的速度和颜色可以在 LabVIEW 主菜单 Edit 中选择 Preferences 项进行设置。

5. 边界属性(Bounds Attribute)

该属性以像素点为单位用于获得一个前面板对象边界的大小,包括高度和宽度,其数据类型为簇。簇里面包含两个不带符号的长整型数,第一个整型数表示前面板对象的宽度,第二个整型数表示前面板对象的高度。

6. 位置属性(Position Attribute)

该属性用于设置和读取前面板对象左上角在前面板对象中的位置(这个位置以像素

点为单位,相对于窗口左上角坐标而言的),其数据类型为簇,包含两个不带符号的长整型数。第一个整型数(Left)定位前面板对象图标左边缘的位置;第二个整型数(Top)定位前面板对象图标上边缘的位置。

　　属性节点与局部变量类似,也有读和写两种属性,右击属性节点的某一端口,在弹出的菜单中,选择"转换为读取"或"转换为写入"可改变该端口的读写特性。选择"全部转换为读取"或"全部转换为写入"可改变属性节点所有端口的读写属性。

范例展示

　　【例 5.1】　利用随机数函数节点产生波形在前面板用波形图表显示。为波形图表创建属性节点,分别控制是否可见、闪烁和改变高度尺寸,可见时有可见性指示灯。前面板与程序框图如图 5-2 所示。

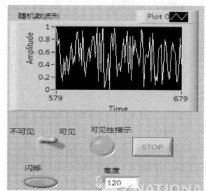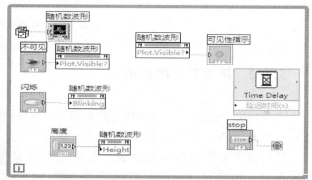

图 5-2　例 5.1 前面板与程序框图

　　【例 5.2】　用按钮的可见属性来控制按钮是否可见。

　　如图 5-3(a)所示,本程序的功能是通过前面板的"可见"开关控制"按钮"键是否可见。并且将当前鼠标所处位置的控件对象的标签显示在"Label.Text"显示控件中。

　　该 VI 采用了事件结构,图 5-3(b)为"可见"开关键修改"按钮"属性事件分支,图 5-3(c)为显示当前鼠标所处位置的控件对象的标签分支。图 5-3(b)图中的属性节点构建如图 5-3(d)图所示,将函数选板的"编程"子模板中的"应用程序控制"中的"属性节点"拖至程序框图,如图 5-3(e)图所示,鼠标右击属性节点对象的属性项,选择对应的属性。在图 5-3(c)中的引用节点构建如图 5-3(f)图所示,将函数选板的"编程"子模板中的"应用程序控制"中的"VI 服务器引用"拖至程序框图,如图 5-3(g)图所示,鼠标右击引用属性节点对象,选择对应的链接。

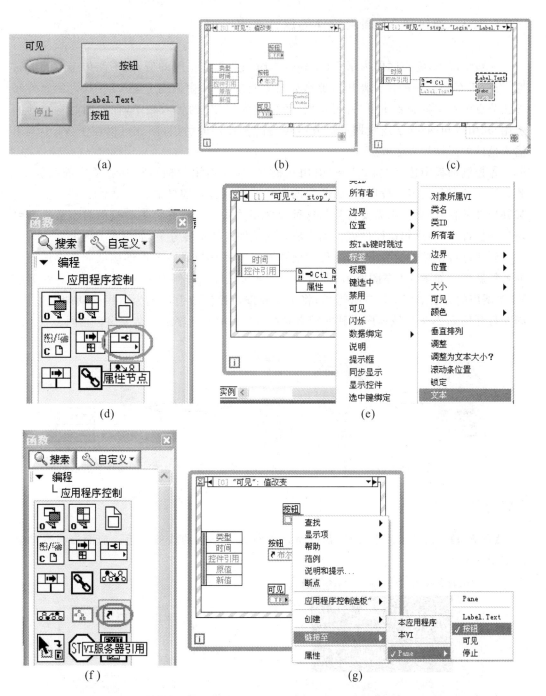

图 5-3　(a)例 5.2 运行时的前面板及程序框图；(b)"可见"开关键修改"按钮"属性事件分支；
(c)显示当前鼠标所处位置的控件对象的标签分支；(d)属性节点在函数选板中定位；
(e)属性选择；(f)引用在函数选板中定位；(g)链接选择

5.1.3　通过子 VI 调用控件的属性节点

　　一般情况下,将空间作为子 VI 的输入端时只能传递空间的值,而不能传递空间的属性,类似于 C 语言中的传值调用。那么如何才能在子 VI 中调用上层 VI 中控件的属性和方法节点呢? 这就需要使用"引用句柄"控件作为子 VI 的输入端子,在调用时将控件的引用与"引用句柄"端子连线即可。此时传递的是控件的引用,因此可以在子 VI 中调用输入控件的属性和方法节点。

　　在控制面板中选择"新式"→"引用句柄"→"Ctl 引用句柄",将其放置在前面板上。此时该参考只是代表一般控件,因此它的属性节点只包含控件的一般属性。若需要控制某种控件的特有属性,则需要将其与这种控件相关联。只需要将关联控件类型放置到引用句柄控件中,引用句柄控件就自动变成关联控件的特定参考了,如图 5-4 所示。

　　创建好按钮控件的参考后,在程序框图面板中将其与属性节点连接就能获得该控件的各种属性。如图 5-4 左图所示,将引用句柄和可见性控件作为子 VI 的输入端。在上层 VI 中调用的方法如图 5-5 右图所示,将 Login 按钮控件的引用作为引用句柄端的输入。同时打开例 5.2,运行该程序得到的结果和图 5-3 所示的程序运行结果完全相同。

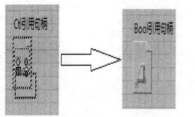　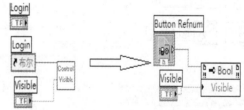

图 5-4　创建按钮控件的参考　　　　图 5-5　通过子 VI 调用控件的属性节点示例

范例展示

　　【例 5.3】　程序运行中,用转盘(knob)控件改变图形曲线的颜色。前面板与程序框图如图 5-6 所示。

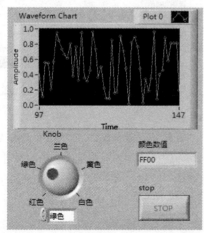　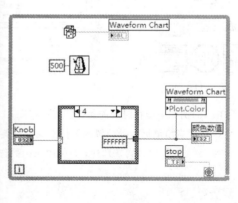

图 5-6　用转盘控件改变图形曲线颜色的前面板与程序框图

5.2　局部变量和全局变量

在 LabVIEW 各个对象之间传递数据的基本途径是通过连线,但是需要在几个同时运行的程序之间传递数据,显然是不能通过连线的,即使在一个程序内部各部分之间传递数据时,也会遇到连线的困难。有时还需要在程序中多个位置访问同一个前面板对象,甚至有些是对它写入数据,有些是由它读出数据,在这些情况下,就需要使用全局变量和局部变量。即全局变量和局部变量是 LabVIEW 环境中传递数据的工具,解决数据和对象在同一 VI 程序中的复用和在不同的 VI 程序中的共享问题。

5.2.1　局部变量的建立

建立局部变量通常有两种方法:①通过函数模板建立局部变量;②直接为前面板对象建立局部变量。

下面详述两种方法的建立过程:

(1)通过函数模板建立局部变量

在函数模板的结构子模板右下角就是局部变量节点,选取局部变量节点放入图形代码窗口中合适的位置,图标变为 ▸♠? ,这时可以右击局部变量图标,在弹出的菜单中选择"选择项",然后选择要创建局部变量的对象即可。

(2)直接为前面板对象建立局部变量

这是一种更为简单的建立局部变量的方法。在前面板右击需要创建局部变量的对象,选择"创建"→"局部变量",如图 5-7 所示。这个对象的局部变量节点就会出现在框图代码中。

图 5-7　直接为前面板对象建立局部变量

可以看出,无论用哪一种方法建立局部变量,它都通过前面板控件的标签与前面板控件相联系。因此必须明确为前面板控件填写标签。另外,可以为一个前面板控件建立多个局部变量。

5.2.2　局部变量的使用方法

局部变量既可以用于向与之联系的前面板对象写数据,又可以从与之联系的前面板对象读数据,而不用考虑这个对象是控制件还是指示件,需要做的只是改变这个局部变量的读写状态。方法是右击,在弹出快捷菜单选择"转换为读取"或"转换为写入"。

一个前面板控件可以建立多个局部变量,而且其中一些是写模式,一些是读模式。这样由于引用了局部变量,使用前面板控件时既可做输入量又可以做输出量。在这种情况下,要注意所访问局部变量的顺序。

范例展示

【例5.4】　一个布尔开关同时控制两个 While 循环。前面板与程序框图如图 5-8 所示。

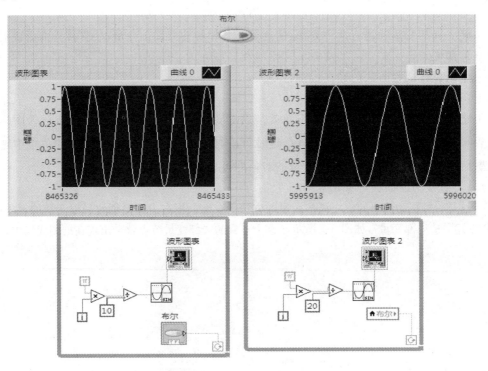

图 5-8　一个布尔开关同时控制两个 While 循环的前面板与程序框图

5.2.3　全局变量的建立

局部变量主要是用于一个程序内部的数据传递,而全局变量用于不同的程序之间的数据传递,这些程序可以是并行的,也可以是不便于通过接口传递数据的主程序和子程序。全局变量的控件是独立的,它需要一个特殊的程序作为自己的容器,因此可以说全局变量是一个内置的 G 语言对象。

　　建立全局变量也有两种方法：①通过函数模板的结构子模板创建；②在文件菜单中创建。

　　以下详述建立全局变量的方法：

　　(1)通过函数模板的结构子模板创建

　　①选择全局变量节点，放置在程序框图，此时图标为 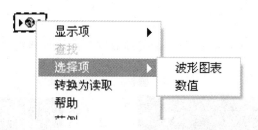；

　　②双击图标，或右击图标，并选择"打开前面板"，如图 5-9 所示，即弹出全局变量 VI 的前面板(这个 VI 只有前面板，没有程序框图)，在全局变量 VI 前面板上按需要加入控件，然后将此全局变量 VI 程序保存为一个独立的 VI 文件；

　　③在程序框图的全局变量图标 上单击右键，在弹出菜单的"选择项"中选择需要的控件(即在步骤②中添加在全局变量 VI 前面板上的控件)，即可完成全局变量的建立。

图 5-9　在主调 VI 的程序框图上间接创建全局变量

　　(2)在文件菜单中直接创建全局变量

　　在文件菜单中选择"New"→"Other Document Types"→"Global Variable"新建一个全局变量，然后打开相应的前面板，在其中放入需要的数据类型控件，保存为一个 VI 并退出，如图 5-10 所示。

图 5-10　在文件菜单中创建全局变量

5.2.4 全局变量的使用方法

全局变量主要用于在不同程序中传递数据,它以独立的文件形式存在,并且在一个变量中可以包含多个对象,拥有多种数据类型。若需要在 VI 的程序框图中插入全局变量,则在函数选板中单击"选择 VI...",再在弹出的"选择需打开的 VI"对话框中选择预先创建好的全局变量 VI 文件插入即可。

同局部变量一样,全局变量也有"读"和"写"两个状态,可以右击图标,选择"转化为读取"或"转换为写入"切换。

注意通过全局变量在不同的 VI 之间进行数据交换只是 LabVIEW 中数据交换的方法之一,另外通过 DDE(动态数据交换)也可以进行数据交换。

范例展示

【例 5.5】 利用全局变量在 VI 之间传递数据。前面板和程序框图如图 5-11 所示。

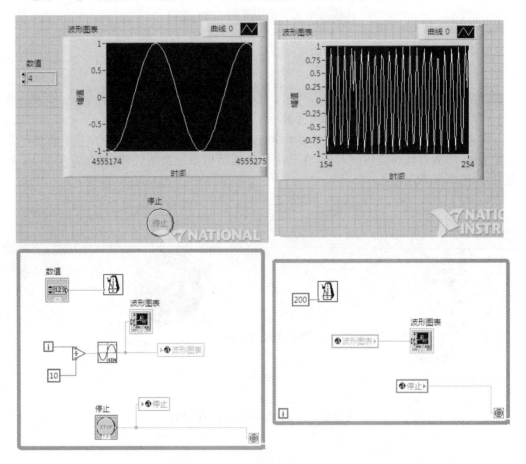

图 5-11 例 5.5 前面板及程序框图

　　本例创建了 2 个全局变量和 2 个 VI,在第 1 个 VI 中利用 While 循环产生正弦波,并送至前面板的波形图表显示,然后为波形图表创建全局变量。方法是使用函数模板选择全局变量节点创建。

　　用同样的方法再创建停止按钮 Stop 的全局变量,并保存,这样可以用一个停止按钮同时控制两个程序的执行。注意:Stop 的机械状态。

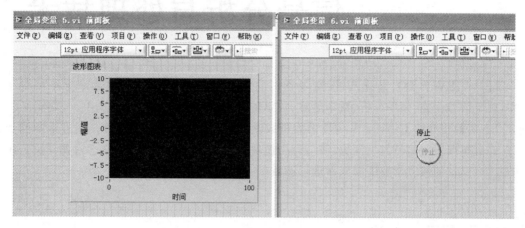

图 5-12　例 5.5 中两个全局变量 VI 的前面板

　　前面我们已经介绍了局部变量及全局变量的创建及应用,但在使用过程中,我们应注意一下两个问题:

　　(1)过多地使用 Local 和 Global 会使程序流程混乱,打乱了以数据流驱动方式为主的程序驱动机制;并降低了程序的可读性和可维护性。

　　(2)过多地使用全局变量会长期占用大量的内存降低运行效率。

　　基于以上的考虑建议慎用局部变量和全局变量。

【思考题】

　　1.如何创建属性节点,有哪几种方法?

　　2.如何使用一个布尔开关同时控制两个 While 循环。

　　3.用(公式节点)编写计算以下等式的程序:$Y_1 = x_3 - x_2 + 5$;$Y_2 = m * x + b$。x 的范围是 0～10,当 x 不在这个范围时就报警,同时所有的输出值都被赋值为 0。

【练习】

　　1.用一个开关同时控制不同程序中的两个 While 循环。

　　2.用局部变量和顺序结构实现猜数功能,反馈所输数字比预定数字大或小,直至猜中预定数字,同时输出猜数次数。

实验六

信号分析与处理技术

LabVIEW 作为自动化测试、测量领域的专业软件,其内部集成了 600 多个分析函数,用于信号生成、频率分析、数学运算、数字信号处理等各种数据分析应用。

本实验将介绍 LabVIEW 内置的大量数学分析与信号处理 VI 函数。通过本章的学习,要求掌握使用信号发生模块、波形产生模块、构建函数信号发生器,并学习如何进行频谱分析,以及如何应用数字滤波器进行滤波。

6.1 信号及其描述

信号是信息的载体和具体表现形式,信息需转化为传输媒质能够接受的信号形式,才能进行传输。

6.1.1 信号的分类

信号可分为模拟信号和数字信号两大类。模拟信号是指测试信号未经过采样,其时间和幅值均是连续的;而将模拟信号经等间隔"采样"及幅值量化两个步骤后,就成为数字信号,所以数字信号的时间和幅值均是离散的,如图 6-1 所示。

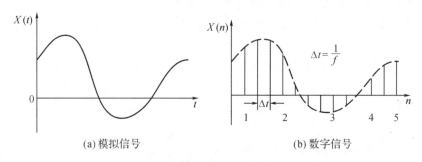

(a) 模拟信号　　　　　　　(b) 数字信号

图 6-1　模拟信号与数字信号的关系

6.1.2 测试信号的描述

信号的描述是指借助数学工具从不同方面来表示信号的特征,具体可分为时域描述、频域描述两大类。

(1)信号的时域描述是指以时间为自变量,表示信号瞬时值的变化特征,即在时域内分析信号。时域分析比较直观、简便,是信号分析的最基本方法。

(2)信号的频域描述是指以复杂信号的频率结构来描述信号。利用傅里叶分析法,可以将一个信号从时域描述转化为频域描述。

6.2 LabVIEW 中的测试信号分析处理函数库简介

在 LabVIEW 中,实现信号分析处理功能的 VI 分为 3 个层次:Express VI、波形 VI、基本功能 VI。它们分别对动态数据类型、波形数据类型和数组这样 3 种数据进行操作。

6.2.1 Express VI

Express VI 实现信号分析和处理的子模板位于函数模板的 Express 下,具体如图 6-2、图 6-3 所示。

图 6-2 信号分析子模板

图 6-3 信号操作子模板

Express 技术和动态数据——程序框图中的函数模板上的 Express 面板包含了大量的 Express VI 函数,主要分为 6 大类:

(1)信号输入 Express Vis:用于从仪器中采集信号或产生仿真信号;

(2)信号分析 Express Vis:可对信号进行分析处理;

(3)输出 Express Vis:用于数据存入文件,产生报表以及与仪器连接,输出真实信号等;

(4)信号操作 Express Vis:主要用于对信号数据进行操作,比如类型转换、信号合并等;

(5)执行过程控制 Express Vis:包含了一些基本的程序结构以及时间函数;

(6)算术与比较 Express Vis:包含一些基本的数学函数、比较操作符、数字和字符串等。

针对 Express VI 的灵活性,LabVIEW 提供了动态数据类型(Dynamic Data Type, DDT)来携带 Express VI 的输入输出信号。它在框图中的连线和控件显示为深蓝色。用户可以将数值、波形或布尔数据与动态类型数据的输入端相连,也可以将动态数据类型显示为图形或数值。右击 DDT 数据端子,选择"创建"→"图形显示控件"或"数值显示控件"选项,可以选择显示为图形还是数值。

动态数据类型具有以下特点:

(1)能够携带单点、单通道(一维数组)或多通道(二维数组)的数据或波形数据类型的数据;

(2)包含了一些信号的属性信息,如信号的名称、采集日期时间等。

需要注意的是,普通 VI 不能直接输入动态数据类型,因此需要进行数据转换。转换 VI 在函数模板的位置为"Express"→"信号操作"→"从动态数据…"和"转化至动态…"。

由于动态数据类型能够包含单个或多个信号,故还可以将多个 DDT 数据合并或者将合并后的数据再拆开。具体可通过 Express 信号操作面板下的合并信号和拆分信号函数来实现,如图 6-4 所示。

合并信号
[Merge Signals]

拆分信号
[Split Signals]

信号1 信号2 信号3 → 混合信号   混合信号 → 信号1 信号2 信号3

图 6-4　动态类型数据合并和拆分信号函数

范例展示

【例 6.1】　低通滤波.vi 设计。前面板与程序框图如图 6-5 所示。

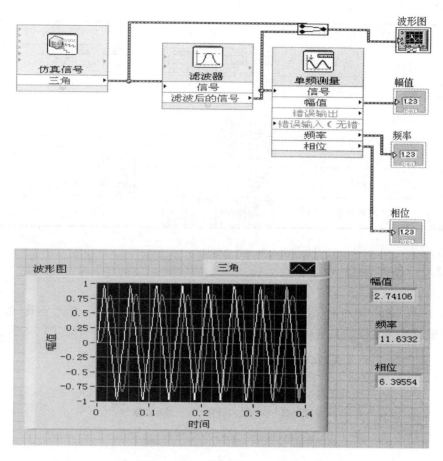

图 6-5　例 6.1 前面板与程序框图

6.2.2　波形 VI

在 LabVIEW 中,波形 VI 的到达路径为:"函数选板"→"信号处理"。根据不同的分析和处理目的,波形 VI 又分为 2 个子模板:波形调理子模板和波形测量子模板。具体各模板功能如表 6-1 所示。

表 6-1　LabVIEW 信号分析处理功能及对应的波形和 Express VI

子模板	信号分析处理功能		波形 VI	Express VI
波形测量子模板	信号时域属性测量	幅值测量	Basic DC/RMS　Average DC/RMS　RMS average	Basic DC/RMS　Average DC/RMS　RMS average
		时间量测量	AMP. Freq.　Harm. Analyz.　SINAD Analyz.	
		波形形状测量		

续表

子模板	信号分析处理功能		波形 VI	Express VI
波形测量子模板	信号频域属性测量	频谱分析	![FFT FFT Cross Cross]	![]
		功率谱分析	![PS/PSD]	
		频响函数	![FRF FRF]	
波形调理子模板	滤波		![FIR IIR]	![]
	加窗		![]	![]
	波形修整		![]	

6.2.3   基本函数 VI

根据信号分析处理的手段,可将基本函数 VI 分为七类:信号生成、信号运算、窗、滤波器、谱分析、变换和逐点。其到达途径为:"函数选板"→"信号分析"。具体如图 6-6 所示。

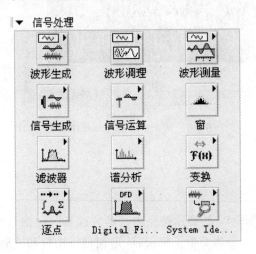

图 6-6   基本函数 VI

6.3   测试信号产生

6.3.1   测试信号的产生途径

虚拟仪器软件处理的测试信号的波形数据,主要通过以下 3 个途径获得:

（1）对被测的模拟信号,使用数据采集卡或其他硬件电路,进行采样和 A/D 变换,送入计算机。

（2）在 LabVIEW 中的波形产生函数得到的仿真信号波形数据。

（3）从文件读入以前存储的波形数据,或由其他仪器采集的波形数据。

范例展示

【例 6.2】　对频率为 20Hz、幅度为 1V 的正弦信号进行采样,其采样频率为 1kHz。前面板与程序框图如图 6-7 所示。

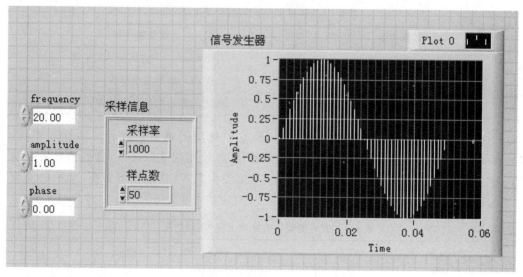

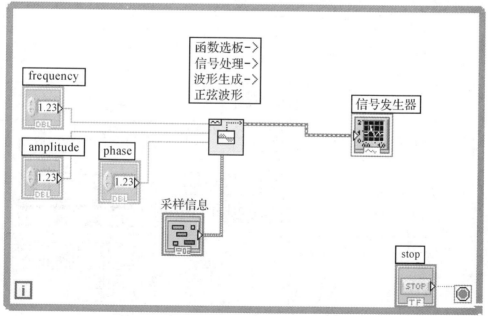

图 6-7　例 6.2 程序框图及前面板

图 6-7 表示对正弦信号进行采样得到的波形数据($t_0=0, d_t=0.001s$),并对波形数据进行图形显示和数据显示,采样 50 点刚好 1 个周期,因为对周期信号,1 个周期的采样点数等于采样频率除以信号频率。

6.3.2 仿真信号产生函数

在 LabVIEW 中产生一个仿真信号,相当于通过软件实现了一个信号发生器的功能。针对不同的数据形式,LabVIEW 中有 3 个不同层次的信号发生器,如表 6-2 所示。

表 6-2   3 种不同层次的信号发生器

数据类型	信号发生器
动态数据类型	Express VI 仿真信号发生器
波形数据	波形发生器 VI
数组	普通信号发生器 VI

这 3 种信号发生器都能产生基本信号,但它们使用的难易程度和灵活性却不同:Express VI 仿真信号发生器产生动态数据类型的信号,使用起来最简单;普通信号发生器 VI 产生数组类型的信号,使用起来比较复杂;波形发生器 VI 产生波形数据,使用的复杂程度介于两者之间。信号类型和信号发生器 VI 对应如表 6-3 所示。

表 6-3   信号类型和信号发生器 VI 对应表

需要产生的信号类型		可利用的 VI		
		Express VI	波形发生器 VI	普通信号发生器 VI
产生复合信号	多种波形发生器			
	周期信号和随机信号相加			
	周期信号相加			
产生单一信号	周期信号			
	随机信号			
	瞬态信号			
	任意信号			

6.3.3 仿真信号发生器

仿真信号发生器(见图 6-8)能够产生单一的周期信号和随机信号(噪声)信号相加的波形。仿真信号的配置如图 6-9 所示。

图 6-8 仿真信号发生器

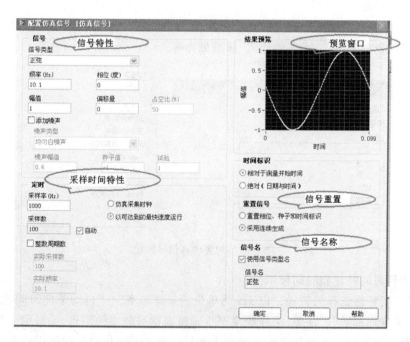

图 6-9 仿真信号发生器的参数设定对话框

【例 6.3】 用仿真信号发生器产生正弦波。前面板与程序框图如图 6-10 所示。

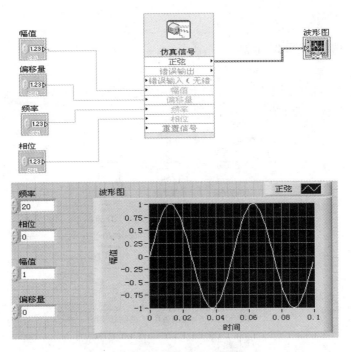

图 6-10   例 6.3 前面板与程序框图

仿真信号的配置如下：

（1）信号特性

首先选择能够附加噪声的周期性信号类型，如图 6-11 所示，然后设定信号的频率、幅值、初始相角和直流偏置，噪声的均值、标准偏差等。

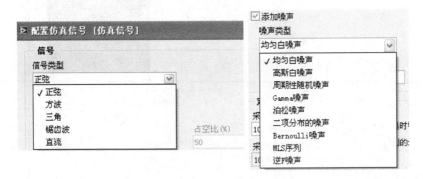

图 6-11   配置仿真信号特征

（2）采样时间特性和时间标识

采样时间特性选择的途径："以 Hz 为单位的采样频率"→"自动采样时间或指定采样点数"→"采样周期数"。注意：采样频率至少是最高信号频率的两倍，一般取 3 到 5 倍。

时间标识的设置，主要调节输出的动态数据类型的时间信息。时间标识有两个选项：从测量始点计算的时间（即程序开始运行的时间），绝对时间（计算机时间）。一般选择默认值（起始时间）。

（3）信号重置

信号重置的改变在预览窗口看不到效果，它是在该 VI 被放在循环等结构中重复运行时起作用，决定了 VI 每次运行的起点是从对话框的设定值开始，还是从该 VI 上一次运行结束点的状态开始。

在实际应用中用其默认值（采用连续生成）的机会还是比较多。在这种情况下，我们利用循环就能够产生一个连续的波形，而不至于在每次循环的开始时间点上出现一个波形跳变。

除了在配置仿真信号对话框中设置参数，也允许通过传统的端口方式设置参数，这给在前面板上放置控件提供了机会。其端口图如图 6-12 所示。

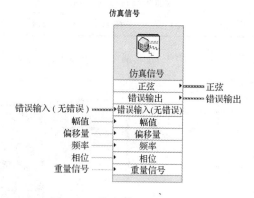

图 6-12　仿真信号发生器端口

在使用仿真信号发生器时还需注意以下两点：

（1）由于其本身只产生有限长度的信号（数据量不大，持续时间很短），所以在应用中一般都是将其放置在循环中，以产生比较长时间的信号。

（2）用仿真信号发生器也可以产生单纯的随机噪声。

6.3.4　公式节点产生仿真信号

仿真信号还能利用公式节点产生。能够用公式来进行描述的信号，也就是确定性信号，包括周期信号和非周期信号，但不推荐用它来产生随机信号。利用公式生成信号的优点在于，可以避免繁琐的图标摆放和连线。

公式波形的选择途径为："函数模板"→"信号处理"→"波形生成"→"公式波形.vi"。其端口图如图 6-13 所示。

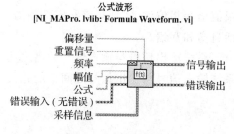

图 6-13　公式波形端口

公式波形.vi 给出了 6 个自变量,用于描述公式。这 6 个自变量含义及其设定方法如表 6-4 所示。

表 6-4   公式波形.vi 的自变量含义及其设定方法

自变量	自变量含义及其设定方法
f	频率,由频率端口参数设置
a	幅值,由幅值端口参数设置
ω	$\omega = 2\pi f$
n	当前采样序号,在运行过程中随时变化
t	当前采样持续时间,在运行过程中随时变化
f_s	采样频率,由采样参数确定

【例 6.4】 利用公式波形.vi 产生测试信号分析处理中常见的 sin 函数。前面板与程序框图如图 6-14 所示。

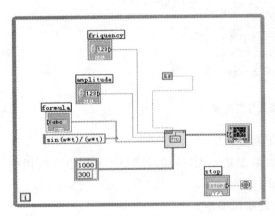
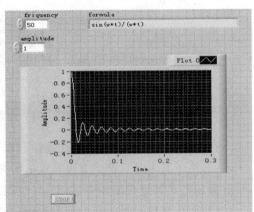

图 6-14   例 6.4 前面板与程序框图

6.4   信号的频率分析技术

测试技术中的谱分析是指把时间域的各种动态信号,通过傅里叶变换转换到频率域进行分析,内容包括:

(1)频谱分析:包括幅值谱和相位谱、实部频谱和虚部频谱;

(2)功率谱分析:包括自谱和互谱;

(3)频率响应函数分析:系统输出信号与输入信号频谱之比;

(4)相干函数分析:系统输入信号与输出信号之间谱的相关程度。

6.4.1　离散傅里叶变换

在计算机中处理的信号,是采样后的离散有限长时间序列 $x(n)$。时域与频域的转换,可使用算法离散傅里叶变换(DFT)和反变换(IDFT),对应的离散频谱为 $X(k)$,计算公式如下:

$$\text{DFT 和 IDFT}:\begin{cases} X(k) = \sum_{n=0}^{N-1} x(n)\mathrm{e}^{-j\frac{2\pi}{N}nk}, & k = 0,1,2,\cdots,N-1 \\ x(n) = \dfrac{1}{N}\sum_{k=0}^{N-1} X(k)\mathrm{e}^{j\frac{2\pi}{N}nk}, & n = 0,1,2,\cdots,N-1 \end{cases} \tag{6-1}$$

用以上定义式直接计算 N 点序列 $x(n)$ 的离散傅立叶变换,需要 N^2 次复数乘法。为了节约计算量,实际应用中采用快速算法——快速傅里叶变换(FFT)来计算(6-1)式中的正变换和反变换。通常 FFT 运算要求输入序列的样点数 N 为 2 的整数次幂(如 $N=2^{10}=1024$)。

6.4.2　在 LabVIEW 中的频谱分析 VI

在 LabVIEW 中实现频谱分析计算的 3 个层次的 VI 分别为:

(1)Express VI 中的频谱测量. vi ⊞。

(2)波形 VI 中的 FFT 频谱(幅度一相位). vi ⊞和 FFT 交叉谱(实部一虚部). vi ⊞

(3)基本函数 VI 的 Amplitude and Phase Spectrum. vi ⊞。

Express VI 中的频谱测量. VI,可以对单个信号进行频谱分析、功率谱分析(包含功率密度谱分析)。其到达途径为"Express"→"信号分析"。由于频谱测量. vi 是一个比较综合的 Vl,其需要设置的参数基本上囊括了频谱分析和功率谱分析 VI 中的所有参数。其端口图如图 6-15 所示。

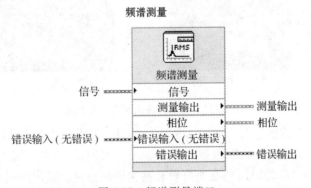

图 6-15　频谱测量端口

范例展示

【例 6.5】　对基本函数发生器产生的仿真信号作频谱分析,产生幅度谱(RMS)和相位谱。前面板与程序框图如图 6-16 所示。

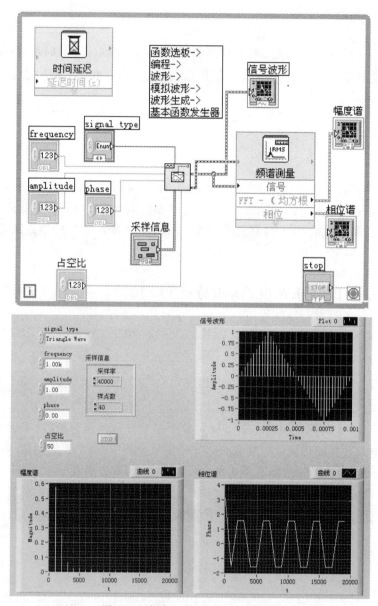

图 6-16　例 6.5 前面板与程序框图

　　在此例中,选择的信号为三角波,频率为 1kHz,采样频率为 40kHz,采样点数为 40 点,正好 1 个周期,计算出的频谱频率范围为 0～20kHz,频率间隔为 1kHz(40kHz/40 点),频谱表示了从 1～20kHz 的基波分量和高次谐波分量。频谱测量配置窗口如图 6-17 所示。

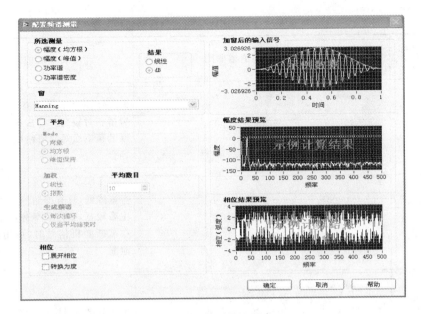

图 6-17　频谱测量配置窗口

配置窗口中参数设置：

（1）根据频域分析目的选择不同的谱分析种类；

（2）幅度结果的表示：线性还是分贝值 dB；

（3）窗函数的类型：窗函数选取原则应力求其频谱的主瓣宽度窄、旁瓣幅度小；

（4）平均参数：有平均模式 Mode、加权、平均数目和生成频谱类型；

（5）相位谱输出的变换相位：展开相位及将弧度转换为度。

在 LabVIEW 中，频域分析 Express VI 和波形 VI 中函数的参数设置都提供了丰富的窗函数类型，在基本频域分析函数 VI 中，不提供窗函数参数，但是提供了单独的窗函数原型 VI 子模板，如图 6-18 所示。LabVIEW 中的主要窗函数特性如表 6-5 所示。

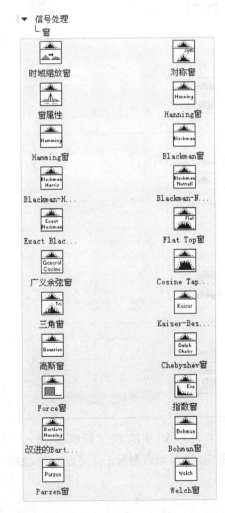

图 6-18　窗函数子模板

表 6-5　LabVIEW 中主要窗函数特性

窗函数名称及图标	时域波形及幅值谱曲图	主要特点和应用场合
None	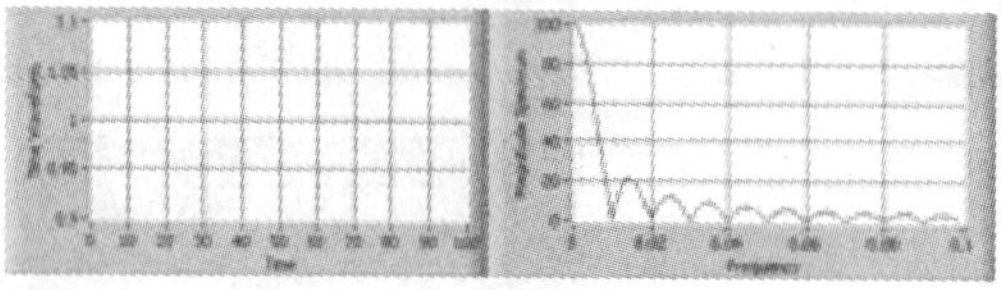	即不加窗。主瓣最高最窄，但第一旁瓣相对较高。适合于获得精确主峰的频率而对幅值精度要求不高的场合
Hanning 	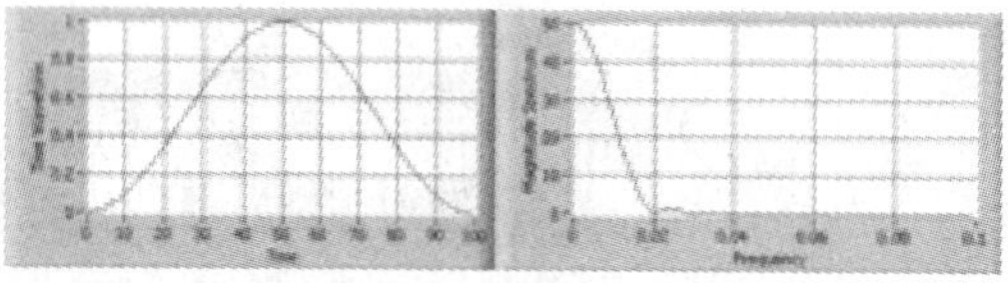	旁瓣降低，具有抑制泄漏的作用；但主瓣较宽，致使频率分辨能力较差。在截断随机信号时，可用此窗减小泄漏
Hamming 	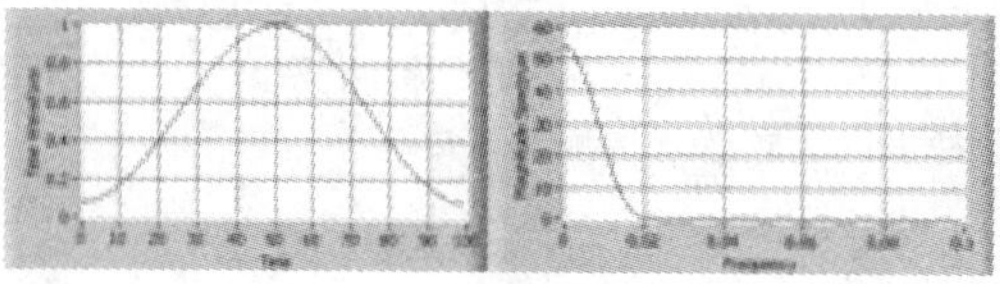	主瓣宽度和 Hanning 窗一样，但泄漏的作用更加明显
三角窗 	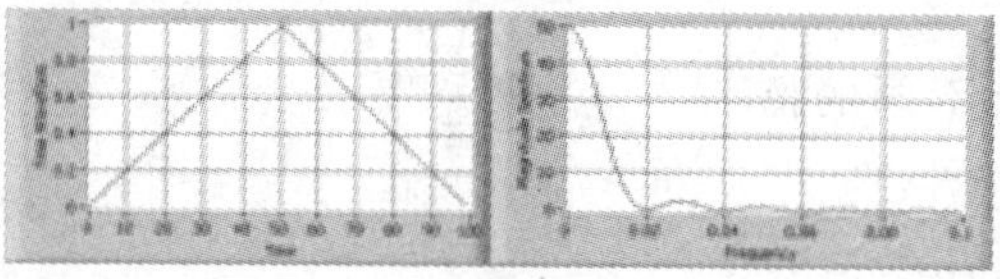	抑制泄漏的效果介于 Square 和 Hanning 之间
Blackman 	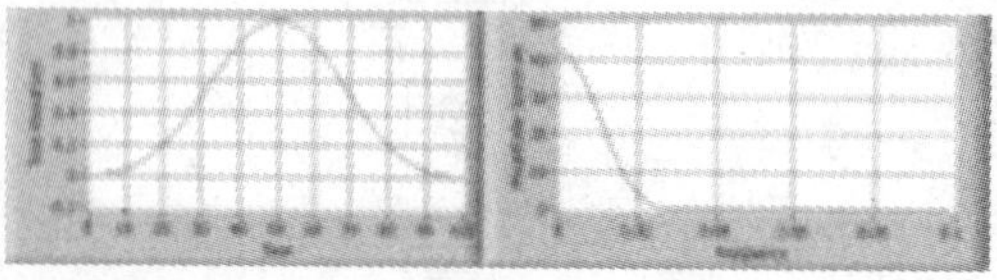	抑制泄漏的作用更加明显，但主瓣宽度更宽
Flat Top 	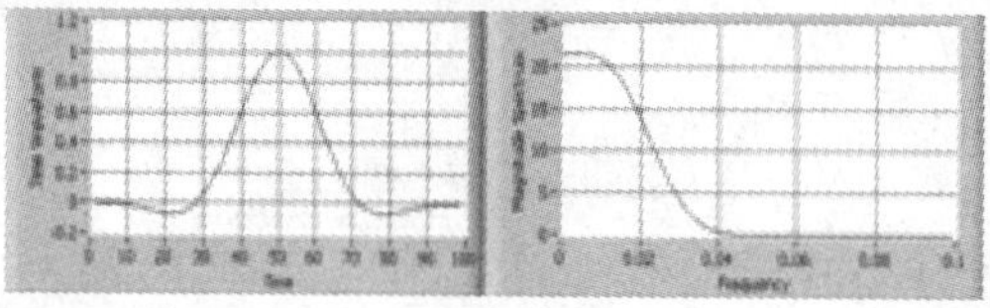	主瓣的顶端平坦，旁瓣的宽度是方窗的四倍
Force 	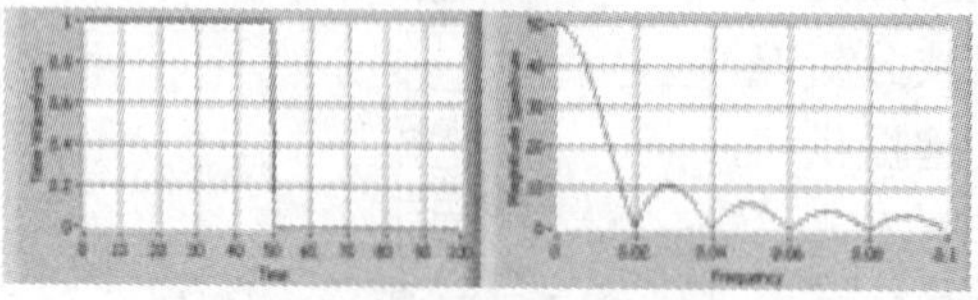	用于对仅持续一段时间的力信号加窗，其频率特性和其占空比有关

在波形 VI 中的 FFT 频谱（幅度－相位）. vi 和 FFT 频谱（实部－虚部）. vi 的参数设置及定义，与频谱测量. vi 完全一致，如图 6-19 所示。

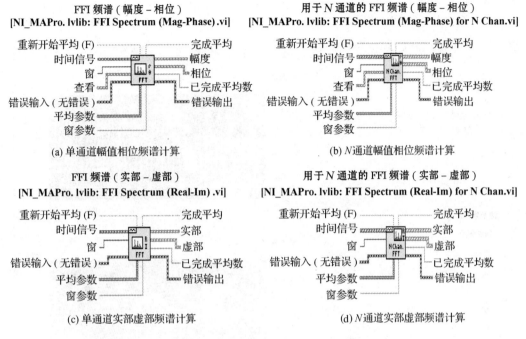

图 6-19　波形 VI 中频谱分析 VI 的端口

6.4.3　谐波分析及其 LabVIEW 实现

利用谐波分析可得到周期信号波形的失真和畸变,谐波的频率必须是基波频率的整数倍。在 LabVIEW 中,谐波分析主要是测量系统中高次谐波的含量,包括基波和各次谐波的频率、幅值和相位,总谐波失真 THD 和信号与噪声失真比 SINAD。其中,总谐波失真 THD 是全部谐波电压(或电流)有效值的方和根与基波电压(或电流)有效值之比,计算公式为:

$$\text{THD} = \frac{\sqrt{\sum_{m=2}^{M} u_m^2}}{u_1} \tag{6-2}$$

u_1、u_2、$\cdots$、u_m 分别表示基频及其各次谐波的均方根(RMS)值。THD 也可用百分比或分贝为单位。

信号与噪声失真比 SINAD 是信号总功率和信号失真功率(包括噪声、谐波成分,不包括直流)之比,一般以分贝表示,其定义如下:

$$SINAD = 10\lg\left(\frac{信号功率}{噪声功率 + 谐波功率}\right) = 20\lg\left(\frac{信号电压}{噪声电压 + 谐波电压}\right) \tag{6-3}$$

在谐波分析中,首先通过 FFT 计算出被分析信号的基波频率、幅值和相位,再搜索谐波信号的幅值和相位,然后计算谐波分析的指标,如 THD 和 SINAD 等。在 LabVIEW 的 Express VI 中,失真测量.vi 能够实现输入信号的谐波分析,输出 THD、SINAD 和各次谐波分量幅值的信息。

在失真测量.vi 参数对话框中,进行谐波搜索的截止频率设定为采样频率的一半。

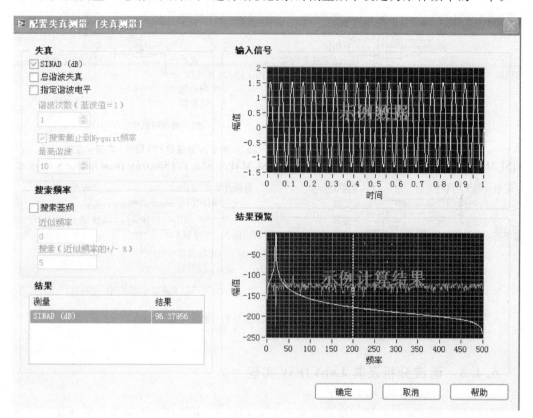

图 6-20   失真测量.vi 的参数设置对话框

如图 6-20 所示,红色的梳状曲线表示了对输入信号的各次谐波进行测量的特性,即谐波分析只关心在基波频率整数倍上的幅值和相位,失真测量.vi 只取这些点上的值进行计算。白色虚线则表示进行谐波频率搜索的截止频率。

【例 6.6】 用失真测量.vi 进行谐波分析。前面板与程序框图如图 6-21 所示。

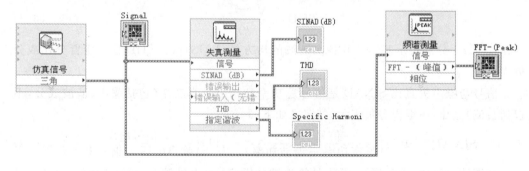

图 6-21   谐波分析前面板与程序框图

波形 VI 中的谐波失真分析.vi 和 SINAD 分析.vi (如图 6-22 所示),则可给出更为详细的谐波分析结果,输出的信息中还含有搜索到的所有谐波分量的幅值、被分析信号的时域波形和频谱分析波形。此外,还有一个提取单频信息. vi可以用来提取基波频率或某一特定谐波频率的信息。

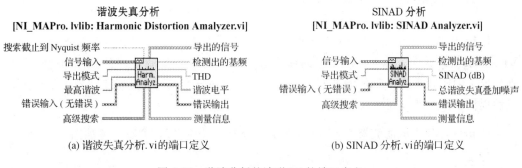

图 6-22　谐波分析的波形 VI 的端口定义

6.5　数字滤波器在 LabVIEW 中的应用及其软件实现

滤波器的分类方法有很多。按电路中是否带有有源器件,可分为有源滤波器、无源滤波器;按能通过的频率范围,可分为低通滤波器、高通滤波器、带通滤波器、带阻滤波器和其他类型通带的滤波器;按处理信号的性质,可分为模拟滤波器、数字滤波器。其中,数字滤波器可再分为有限冲击响应滤波器(FIR)和无限冲击响应滤波器(IIR)。

6.5.1　数字滤波器子程序的调用

在调用数字滤波器程序时,需要注意以下几个问题:
1. 调用时的参数设置
数字滤波器的参数设置包括以下几个方面:
(1)滤波器类型选择;
(2)截止频率确定;
(3)采样频率设定;
(4)滤波器的阶数;
(5)纹波幅度。

2. 滤波过程的响应时间
输入信号经过数字滤波器,相当于将输入信号和滤波器的单位抽样响应进行卷积运算,从运算的时间零点到获得正确的滤波结果,这中间会有一个过渡过程,即响应时间。在后续处理时应该忽略这一段开始的滤波结果。

3. A/D 前的抗混滤波器
A/D 转换获得数字信号时,若采样频率未满足采样定理,会产生频域混叠,信号中频率大于 1/2 采样频率的高频成分会混进信号的低频段。而数字滤波器不能将这些混在一起的频率成分再分离的,因此数字滤波不能完全取代 A/D 转换之前的模拟抗混滤波。

6.5.2 LabVIEW 中滤波器的应用

LabVIEW 中提供了许多现成的滤波器 VI,可分为 Express VI、波形 VI 和基本功能 VI 3 个层次。其中,Express VI 中的滤波器针对所有类型的滤波器的选项;而波形 VI 则分成了 IIR 滤波器和 FIR 滤波器;在基本功能 VI 的子模板中,根据滤波器的最佳逼近特性提供了多个滤波器 VI。

Express VI 中的滤波器 VI 处于信号分析子模板中,其参数设置如图 6-23 所示。

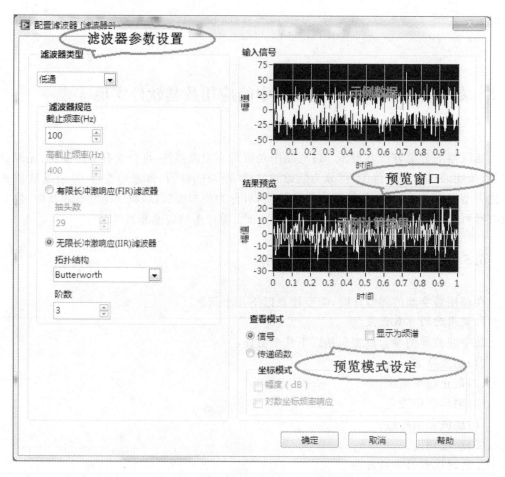

图 6-23   低通 IIR 滤波器参数设置框图

滤波器 VI 的参数设置包括以下几个方面:

(1)滤波器参数设置

首先选择滤波器类型。共有低通、高通、带通、带阻和平滑滤波器 5 种选项。平滑滤波器可对信号进行局部平均,消除周期性噪声和白噪声。当选择前面 4 种时,需设置滤波器的上和(或)下截止频率,有限冲击响应滤波器的序列长度,无限冲击响应滤波器的最佳逼近函数和阶次;若选择平滑滤波器,需要设置的则是移动平均的窗函数选择和移动平均的半长度设定等参数。图 6-24 中的输入信号预览窗口和结果预览窗口,显示了利用三角窗进行白噪声移动平均的效果。

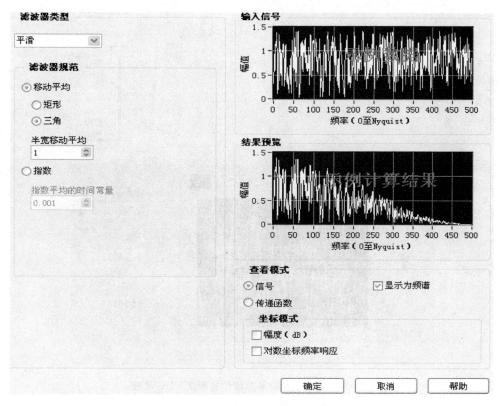

图 6-24　平滑滤波器参数设置框图

(2)预览模式设定和预览窗口显示

当预览模式选定为观察信号时,两个预览窗口分别显示输入和输出信号的时域波形;当预览模式选定为观察频谱时,预览窗口分别显示输入、输出信号的频谱图;当选定为传递函数时,则分别显示滤波器频率响应函数的幅值特性和相位特性曲线。

范例展示

【例 6.7】　在 LabVIEW 中低通滤波的应用。前面板与程序框图如图 6-25 所示。

在本例中,由仿真信号发生器产生频率为 20Hz、幅值为 1、初始相位为 0 的三角波信号,经过截止频率为 40Hz 的 4 阶低通巴特沃兹滤波器进行时域处理,就能提取出其基波。原始三角波信号和检测出来的基波信号相位不一致,是因为信号经过滤波器有一个时间延迟。

波形 VI 中的滤波器 VI 共有数字 IIR 滤波器 和 FIR 滤波器 两类,其参数设定方式采用传统的端口方式。IIR 滤波器端口设置如图 6-26 所示。

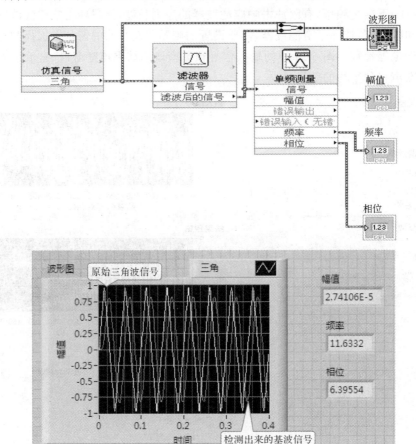

图 6-25 检测三角波基频信号的测试 VI 后面板

数字 IIR 滤波器
[NI_MAPro. lvlib: Digital IIR Filter.vi]

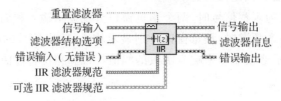

图 6-26 IIR 滤波器的端口设置框图

在 LabVIEW 中，波形滤波器 VI 和 Express 滤波器 VI 有一个重要区别：Express 滤波器 VI 只能是一个滤波器对一个输入信号进行滤波处理，而波形滤波器 VI 可以扩展至多个不同特性的滤波器对多个不同的信号进行处理。

基本功能 VI 中的滤波器 VI，其到达途径是"信号处理"→"滤波器"，功能子模板参见图 6-27。

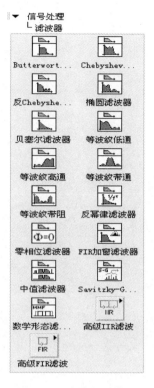

图 6-27　滤波器子模板

【思考题】

1. 什么是模拟信号和数字信号,它们有什么区别?

2. 动态数据类型能够包含单个或多个信号,如何使用 LabVIEW 进行多个 DDT 数据合并或者将合并后的数据再拆开?

3. 使用低通滤波器进行对仿真信号三角波进行操作,获取基波信号。

【练习】

1. 在 LabVIEW 编程环境下,按以下要求编制和调试 VI 程序。

在前面板自己设置采样点数、幅值、信号频率、初始相位、采样频率,产生一个指定频率的方波并在 Graph 上显示出来。

2. 将混有白噪声的正弦信号,通过滤波器滤除白噪声,保留正弦信号,并比较滤波前和滤波后的信号频谱。(提示:参考"信号生成分析和显示存储.vi")

3. 应用波形滤波器 VI 进行多通道信号多种参数滤波:两路输入信号是频率为 20Hz 的三角波和频率为 10Hz 的方波,幅值都为 1,初始相位都为 0。(提示:可以查找信号处理的范例)

第二篇
基于 NI-ELVIS 的电子信息技术实验

实验七

基于 NI-ELVIS 的数据采集（上）

NI-ELVIS 是一个将硬件和软件组合成一体的、完整的虚拟仪器教学实验套件，是美国国家仪器公司于 2004 年推出的一套基于 LabVIEW 设计和模型创建的实验装置。NI-ELVIS系统实际就是将 LabVIEW 和 NI 的 DAQ 设备相结合得到一个基于 LabVIEW 的一种实验教学产品，包括硬件和软件两部分。本章我们主要介绍实验平台、数据采集任务的创建、数据采集函数等内容。

7.1　数据采集

7.1.1　数据采集系统的构成

数据采集是指从传感器和其他待测设备等模拟或数字被测单元自动采集信息的过程。数据系统是结合基于计算机的测量软硬件产品来实现灵活的、用户自定义的测量系统。一个完整的 DAQ 系统包括被测对象、传感器或变换器、信号调理、数据采集、信号处理和仪器面板等，如图 7-1 所示。

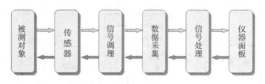

图 7-1　数据采集系统的构成

7.1.2　NI-ELVIS 平台简介

NI 的第一代 NI-ELVIS(Educational Laboratory Virtual Instrumentation Suite)实验平台的硬件包含以下五部分：运行 LabVIEW 的计算机、DAQ 卡、68 针串行电缆、NI-ELVIS 实验板及 NI-ELVIS Benchtop 工作台。NI-ELVIS实验板连接在 Benchtop 工作台上，实验板上带一块面包板，可以用于建立电子电路，并提供应用程序与信号间的必要连接。数据采集（DAQ）卡的型号是 PCI-6251，它是插在计算机的 PCI 插槽内的，PCI-6251 具有以下特征：

(1)16 路模拟输入，采样率为 1.25 MS/s（单通道）、1 MS/s（多通道）；

(2)2 路模拟输出（16 位，2.8 MS/s），24 路数字 I/O（每 8 路共享一个时钟）及 32 位计数器。

第二代 NI-ELVIS II 硬件平台硬件性能与第一代产品基本一样，所不同的是第二代 NI-ELVIS II 硬件平台内置了 DAQ 卡，并采用 USB 口与计算机进行通信，因此使用该平台就不再需要打开计算机的机箱了。

本教材采用的软件版本是：LabVIEW 2010 以及与 ELVIS II 硬件平台配套的驱动 ELVISmx 4.3.1。与 ELVIS I 平台配套软件版本是 LabVIEW 8.5 配合 NI-DAQmx 8.9.5 以及 NI-ELVIS 3.0.1 驱动。

NI-ELVIS 由平台工作站和原型实验板组成，如图 7-2 所示，原型实验板主要由模入、模出、数字 I/O、用户可编程 I/O 口、示波器等组成，具体见图 7-3。

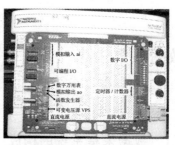

图 7-2　NI-ELVIS 平台　　　　　　　图 7-3　原型实验板

本教材实验中所构建的测量系统，模拟信号采集一般采用如图 7-4 所示的差分输入模式。例如，采用模拟输入 0 通道进行信号采集，则将输入信号接在原型实验板的 ai0＋和 ai0－之间*。测量系统的信号"参考地单端（RSE）"和"非参考地单端（NRSE）"输入接线方式及相应用途，参考"帮助"文件，或文献[9]。

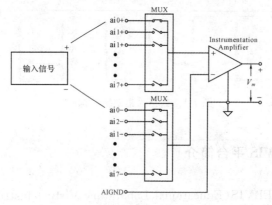

图 7-4　测量系统的信号输入

---

*　注：本书将模拟输入通道 0 的差分输入口称为 ai0＋和 ai0－，该通道在 ELVIS I 原型实验板上符号为 ACH0＋和 ACH0－；ELVIS II 板上符号为 AI0＋和 AI0－，其它模入通道命名均参照此法。

　　测量仪器能够数字化地表征被测信号相应电压的大小范围,在数据采集卡已确定其位数的前提下,应尽可能使输入范围刚好容纳被测信号的变化范围。如图 7-5 所示,第一个被测信号是 0～8.75V(输入范围是 0～10V);第二个被测信号是 0～7.5V(输入范围是 −10V～+10V)。显然,前者的采样效果更好一些。

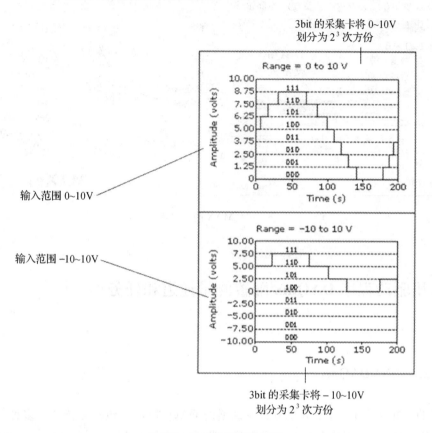

图 7-5　测量信号范围举例

7.1.3　数据采集卡配置软件 MAX

　　安装 LabVIEW 的驱动后,在 National Instruments 下就能看到 Measurement & Automation Explorer(MAX)。通过 MAX 可以对硬件设备进行配置和管理。它针对硬件设备的主要功能包括:

　　(1)浏览系统中接有的数据采集卡,并快速检测、配置数据采集卡及相应软件;

　　(2)通过测试面板,验证和诊断数据采集卡工作情况;

　　(3)创建新的采集通道、任务、接口和比例参数等。

　　具体地,MAX 会给每块数据采集卡分配一个逻辑设备号,以供 LabVIEW 调用时使用。在 MAX 主界面左栏"我的系统"下有三个子目录,其中,"数据邻居"存储了有关配置和修改任务、虚拟通道的信息;而通过"设备和接口",可配置本地或远程的数据采集卡、串口及并口等硬件设备;最后的"换算"则用于标定运算。

MAX 的主界面如图 7-6 所示。

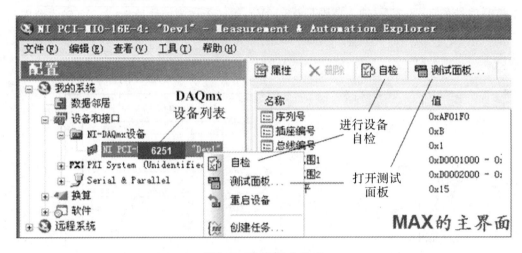

图 7-6　MAX 的主界面

7.2　用驱动程序 DAQmx 配置测量通道和任务

7.2.1　NI-DAQmx

NI-DAQmx 是 LabVIEW 7.0 以来新增的 DAQ 软件,它包括支持 200 多种 NI 出具采集设备的驱动,并提供相应的 VI 函数。此外它还包括 Measurement & Automation Explorer(MAX)、数据采集助理(DAQ Assistant)以及 VI Logger 数据记录软件。通过这些工具并结合 LabVIEW 可以节省大量的系统设置、开发和数据记录时间。

以下从通道与任务两方面对 NI-DAQmx 作简要概述。

(1)NI-DAQmx 通道分为物理通道和虚拟通道。物理通道用于连接被测信号的实际端子(对差分输入方式而言,每个物理通道对应 2 个端子;数字端口对应 8 条线);虚拟通道是一组属性设置的集合,包含虚拟通道名、对应的物理通道、输入接线方式(差分/RSE/NRSE 等)、输入范围、缩放比例等。其中,虚拟通道分为两种:局部(Local)和全局(Global)虚拟通道。局部虚拟通道仅存在于某个 DAQmx 定义的任务中(其生存期长短由任务决定);而全局虚拟通道可长期保存在 MAX 中,且可被多个任务所使用。

(2)NI-DAQmx 任务,是一个或多个虚拟通道的集合,它除包含每个虚拟通道的属性外,还包含这些虚拟通道共用的采样和触发等属性(信息)。它代表了所要实施的一次信号测量或信号发生的操作。NI-DAQmx 任务分为两种:①独立于程序而存在、可以被各个程序所使用的,且可长期保存的任务(用 MAX 创建,且保存在 MAX 中);②仅存在于某程序中且只能供该程序使用的所谓临时任务(用 DAQ 助手 Express VI 或 DAQmx 函数在框图面板上创建)。

DAQmx 定义的任务、虚拟通道与物理通道间的关系如图 7-7 所示。

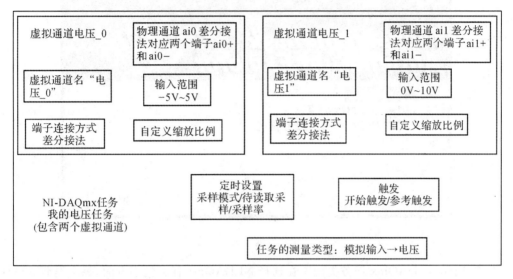

图 7-7　DAQmx 定义的任务、虚拟通道与物理通道间的关系

7.2.2　使用 MAX 建立数据采集任务

MAX 中建立的数据采集任务是长期的,可以在 VI 程序中作为输入任务。以下介绍使用 MAX 建立数据采集任务的详细过程。

(1)建立"数据邻居"。首先,在 MAX 界面的"我的系统"→"数据邻居"快捷菜单中选择"新建…",如图 7-8 所示。打开新建的"数据邻居"对话框。

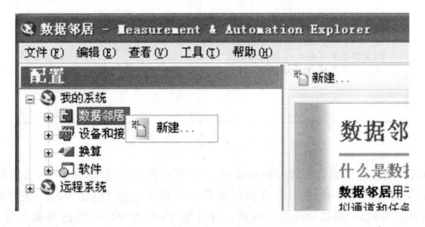

图 7-8　建立数据采集任务第一步

(2)在新建的"数据邻居"列表中,选择建立"NI-DAQmx 任务"。在对话框中,选择

"NI-DAQmx 任务"作为创建任务的目标,如图 7-9 所示。之后,单击"下一步",进入下一层对话框。

图 7-9   建立数据采集任务第二步

(3)选择 NI-DAQmx 任务类型。在选择 NI-DAQmx 任务类型方面,每个类型下都有更具体的若干个选项可供选择。这里,选择"采集信号"→"模拟输入"→"电压"作为例子,如图 7-10 所示。选定之后,进入下一步骤。

图 7-10   建立数据采集任务第三步

(4)选择建立虚拟通道所需的物理通道。从"支持物理通道"的列表中,选择本任务所要使用的物理通道。Dev1 表示本虚拟仪器环境中的第一块 DAQ 卡;ai1 表示编号(索引)为 1(从 0 开始)的模拟输入物理通道。可按住"Ctrl"或"Shift"键选择多个物理通道;所选择物理通道数,应等于新建任务包含的虚拟通道数。这里,以利用"Ctrl"键选择 ai0 和 ai2 这两个物理通道为例。选好后,单击"下一步",进入下一步骤,如图 7-11 所示。

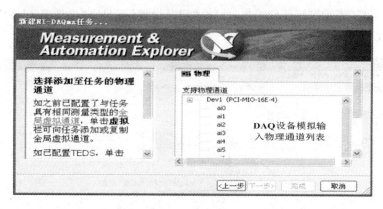

图 7-11　建立数据采集任务第四步

(5)为任务命名(指定名字)。本例中,为任务命名时,就默认为"我的电压任务"即可。然后单击"完成"键,进入下一步骤,如图 7-12 所示。

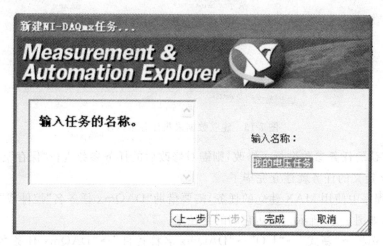

图 7-12　建立数据采集任务第五步

(6)完成上述操作后,在"数据邻居"下的"NI-DAQmx 任务"列表中,已出现新建任务"我的电压任务";同时,该任务已被选中,故在 MAX 主界面的右侧窗口中便出现了该任务的参数设置区。接下来,用户就应根据自己的实际需要修改由 MAX 提供的默认的任务参数设置。

如图 7-13 所示的虚拟通道列表中,包含名为"电压_0"和"电压_1"的两个虚拟通道,虚拟通道名已被自动指定。在某虚拟通道上打开快捷菜单,可为该虚拟通道改名,或更改其对应的物理通道。(本例中,"电压_0"对应 ai0;"电压_1"对应 ai2)。

信号的采集模式有四种,分别为:

①1 采样(按要求),即采集单点数据(立即执行);

②1 采样(硬件定时),表示在硬件时钟的边沿采集单点数据;

③N 采样,表示采集一段数据,采样点数和采样频率在"定时设置"下的"待读取采样"和"采样率(Hz)"文本框中指定(本例中为 100 个点和 1000Hz);

④连续采样,表示进行连续采集,此时,"定时设置"下只有"采样率（Hz）"（即采样频率)参数有效。

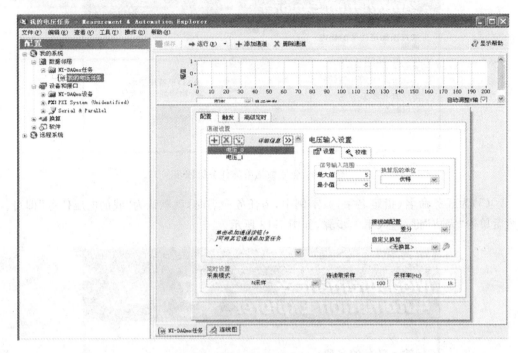

图 7-13　建立数据采集任务第六步

若对默认的任务参数进行了修改,则需对修改后的任务参数进行"保存"。至此,一个 NI-DAQmx 定义的任务就建立完毕了。

(7)在程序中使用 MAX 建立的任务,需要借助"DAQmx 任务名"控件或"DAQmx 任务名"常量,如图 7-14 所示。到达它们的路径是:

"控件"选板→"新式"→"I/O"→"DAQmx 名称控件"→"DAQmx 任务名"或"函数"选板→"测量 I/O"→"DAQmx－数据采集"→"DAQmx 任务名"。

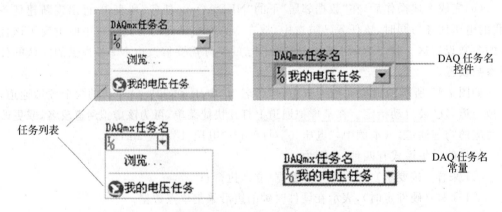

图 7-14　使用已定义任务

单击"DAQmx 任务名"控件或"DAQmx 任务名"常量右端的向下选项箭头,打开任务列表,选择"我的电压任务"项目,就可以使用前边所创建的任务。

7.2.3　建立 DAQ 临时任务

建立 DAQ 临时任务有两种方法:

方法一:使用 DAQ 助手建立临时 DAQmx 任务。

通过"函数"→"测量 I/O"→"DAQmx－数据采集",选定 DAQ 助手,将其放置于框图面板上,同时会出现"新建 Express 任务…"窗口。在该窗口的右侧栏可进行相应的设置及其修改。

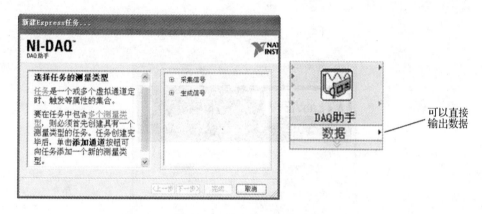

图 7-15　使用 DAQ 助手建立临时 DAQmx 任务

使用 DAQ 助手建立的临时任务,没有名称,不会保存在 MAX 中被(这台计算机中建立的)其他程序使用。

临时任务建立后,DAQ 助手 Express VI 出现了名为"数据"的输出端子(对于模拟输入操作),它可直接向框图上的程序的其他部分输出数据。

方法二:编程建立临时任务。

使用"DAQmx 创建虚拟通道"亦即"DAQmx 创建通道(ai－电压－基本)",通过编程的方法,也可以建立临时任务。这个函数(子 VI)的用法,在后面会有介绍。

范例展示

【例 7.1】　通过 DAQ 助手进行 ai 单点采集。其前面板与程序框图如图 7-16 所示。

硬件:将"可变电压"选择为"手动 Manual"(调小一点,不要超过 10V),Supply＋和 ai0＋连接,Ground 和 ai0－连接。观察指针变化。

调手动:通过"程序"→"National Instruments"→"NI-ELVISmx for NI-ELVIS & NI myDAQ"→"Instruments"→"Variable Power Supplies",打开可变电压软前置板如图 7-17所示,选择 Manual,在实验板 VARIABLE POWER SUPPLIES 模块中调节电压大小即可。

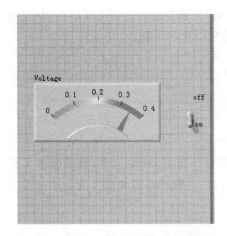 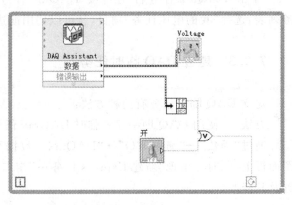

图 7-16　例 7.1 前面板与程序框图

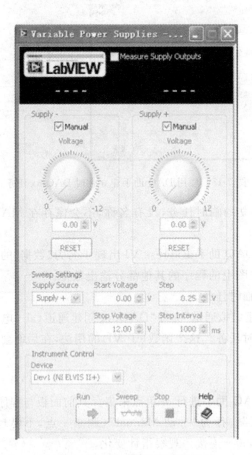

图 7-17　例 7.1 可调电源软前置板

【例 7. 2】 通过 DAQ 助手进行电压输出。其前面板与程序框图如图 7-18 所示。

硬件:用香蕉头红线连接 V,黑线连接 COM,并将香蕉头正极连接 ao0,负极连接 GROUND。其数字显示前面板如图 7-19 所示。

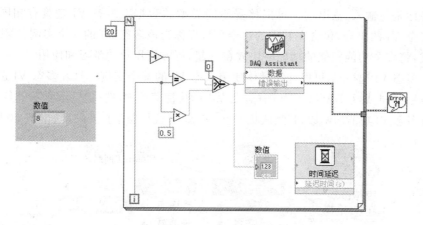

图 7-18　例 7.2 前面板与程序框图

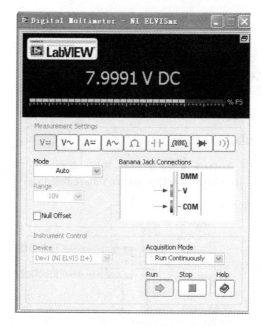

图 7-19　例 7.2 数字显示软前置板

7.3　DAQmx VI——数据采集函数简介

7.3.1　DAQmx VI 的组织方式——多态 VI

DAQmx VI 的路径为"函数"选板→"测量 I/O"→"DAQmx 数据采集"(以下不再赘述)。

多态性是指输入、输出端子可以接受不同类型的数据。多态 VI 是具有相同连接器形式的多个 VI 的集合,包含在其中的每个 VI,都称为该多态 VI 的一个实例。VI 的这种组织方式,将多个功能相似的功能模块放在一起,可方便用户的学习和使用。

通过多态 VI 选择器,可以选择具体使用多态 VI 的某个实例。打开多态 VI 选择器显示的方法是:右击某个 DAQmx VI 图标,在弹出的快捷菜单中,选择"显示项"→"多态 VI 选择器"(有多态 VI 功能的函数,其默认状态下,多态 VI 选择器是打开的),如图 7-20 所示。

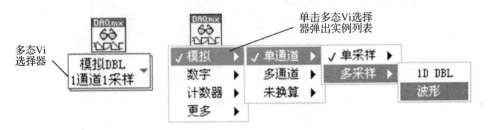

图 7-20　多态 VI

7.3.2　常用 DAQmx VI 介绍

1. DAQmx 创建通道函数

DAQmx 创建通道函数如图 7-21 所示。

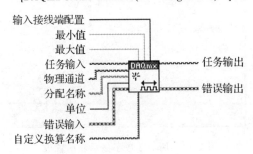

图 7-21　DAQmx 创建通道

该函数用于建立虚拟通道和任务。

其中一些输入端子的含义为:

(1)"物理通道",定义指定物理通道;

(2)"分配名称",定义虚拟通道名,如不指定,该参数将以物理通道名(如 Dev1/ai0 等)作为本虚拟通道名;

(3)"最大值"、"最小值",用于定义所期望的信号的输入范围;

(4)"输入接线端配置"用于定义输入端子接法(差分等)。

2. DAQmx 定时函数

DAQmx 定时函数如图 7-22 所示。

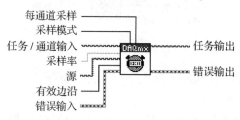

图 7-22 DAQmx 定时

该函数用于设置时间信息。在图 7-22 所示的实例中,可以设置采样时钟源、时钟频率及采集/生成的样本数目。

其中一些输入端子的含义为:

(1)"采样率",定义每个通道每秒采集或发生数据的点数;

(2)"采样模式",定义采样模式;

(3)"每通道采样"参数,用于指定在"采样模式"参数选为"有限采样"时每个通道采集或生成的样本数。

3. DAQmx 读取函数

(1)DAQmx 读取(1 通道 1 采样)

DAQmx 读取函数(1 通道 1 采样)如图 7-23 所示。

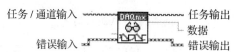

图 7-23 DAQmx(1 通道 1 采样)读取

该函数用于从指定的任务或虚拟通道读取样本;其输出端"数据"返回(提供)读到的数据。具体情况,决定于读取数据的类型和格式。

多态 VI 选择器上给出了实例名称,如图 7-24 所示,其具体含义如下:

DBL 表示返回(提供)的是双精度数据;1D 表示是一维数组,没有该标志表示为标量数据。

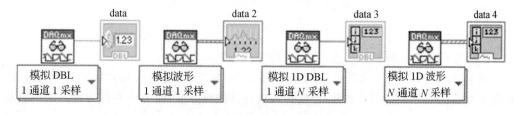

图 7-24 多态 VI 选择器实例

（2）DAQmx 读取（1 通道 *N* 样）

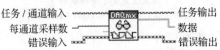

图 7-25　DAQmx（1 通道 *N* 采样）读取

对于采集多个样本的"DAQmx 读取" VI 实例（见图 7-25），其输入端"每通道采样数"参数指定实际读取样本数目。

NI-DAQmx 任务的"采集模式"参数设置为"*N* 采样"时，如果"每通道采样数"参数大于 NI-DAQmx 任务的"待读取采样"参数，或"每通道采样数"参数使用默认值，则读取 NI-DAQmx 任务的"待读取采样"所确定的数据点数，否则，读取"待读取采样"所确定的样本数。

NI-DAQmx 任务的"采集模式"参数设置为"连续采样"时，其"待读取采样"参数不起作用。如果上述 VI 的"每通道采样数"不接入数据或接入"－1"，则读取循环缓冲区内当前的所有有效数据；否则，读取"每通道采样数"所确定的样本数。

4. DAQmx 写入函数

DAQmx 写入函数如图 7-26 所示。

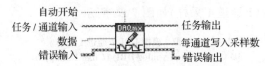

图 7-26　DAQmx 写入

该函数可以向任务写入样本数据。它的"自动开始"参数可以指定，在"DAQmx 开始任务"函数没有显式开始任务的情况下，是否以隐式方式开始任务。

5. DAQmx 开始任务函数

DAQmx 开始任务函数如图 7-27 所示。

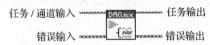

图 7-27　DAQmx 开始任务

该函数的功能是开始执行任务（显式任务状态转换）。

如果"DAQmx 读取"函数或"DAQmx 写入"函数要多次执行，例如处于循环之中，应该使用"DAQmx 开始任务"函数，否则任务执行性能会降低，因为任务将会被不断地启动和停止。

6. DAQmx 停止任务函数

DAQmx 停止任务函数如图 7-28 所示。

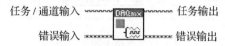

DAQmx 停止任务
[DAQmx Stop Task.vi]

任务/通道输入 ———————— 任务输出
错误输入 ———————— 错误输出

图 7-28　DAQmx 停止任务

该函数的功能是结束 DAQmx 任务,使其返回 VI 尚未运行,或 DAQmx 写入 VI 运行时输入值为 True 的状态。

7. DAQmx 清除任务函数

DAQmx 清除任务函数如图 7-29 所示。

DAQmx 清除任务
[DAQmx Clear Task.vi]

任务输入 ————————
错误输入 ———————— 错误输出

图 7-29　DAQmx 清除任务

该函数可以实现停止任务,并清除资源。任务清除后就不能再使用,除非重新建立该任务。

8. DAQmx 结束前等待函数

DAQmx 结束前等待函数如图 7-30 所示。

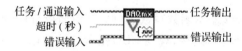

DAQmx 结束前等待
[DAQmx Wait Until Done.vi]

任务/通道输入 ———————— 任务输出
超时(秒) ————————
错误输入 ———————— 错误输出

图 7-30　DAQmx 结束前等待

调用该函数,能确保在结束任务或清除任务("DAQmx 停止任务"或"DAQmx 清除任务")之前,完成所要求的采集或发生任务。

7.3.3　DAQmx(数据采集)的属性节点

DAQmx 属性节点用于指定数据采集操作的各种属性,如图 7-31 所示。这些属性中,某些可利用 DAQmx VI(数据采集相关的功能函数——8 种)进行设置;而其他的只能直接修改,无法用函数设置。

数据采集属性节点的路径为:"函数"选板→"测量 I/O"→"DAQmx 数据采集"。

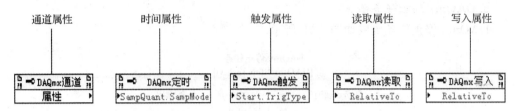

图 7-31　数据采集属性节点

7.3.4　DAQmx(数据采集)的任务状态(逻辑)

DAQmx 任务状态(见图 7-32)分显式和隐式两种,通过调用函数的方法明确实施任务状态的转换,称为显式状态转换;而某些 DAQmx VI 在执行时,若未处于其所需的状态,将会引起状态的自动转换,这种自动转换被称为隐式状态转换。

任务状态的路径为:"配置任务"→"开始任务"→"采集数据操作"→"结束任务"→"清除任务"。

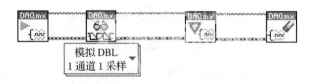

图 7-32　数据采集任务状态

(1)显式转换举例:在"读取"采样数据前,明确地执行"开始任务";且在"清除任务"前,明确地执行"结束任务"。

(2)隐式转换举例:在"读取"函数执行前,自动执行"开始任务";在"清除任务"执行前,自动执行"结束任务"。

【例 7.3】　用 DAQmx 基本函数写数字口。其前面板与程序框图如图 7-33 所示。

硬件:将 DO 口和 LED 口连接,观察 LED 指示灯的变化。

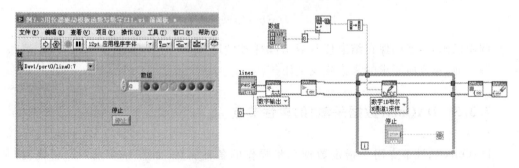

图 7-33　例 7.3 前面板及程序框图

【例 7.4】　采用 DAQmx 基本函数的虚拟频率分析仪硬件:将 ai1＋和 FGEN 连,将

ai1-和 GROUND 连。

（1）鼠标拖动前面板左下角的滑动开关至"内部"，在界面上修改参数观察；把波形幅度调到小于 5 V，将 ao0 和 LED0 连，改变波形及其频率，观察 LED 指示灯的变化。

（2）鼠标拖动前面板左侧的滑动开关至"外部"，函数发生器打到手动，改变波形，观察波形图中变化。

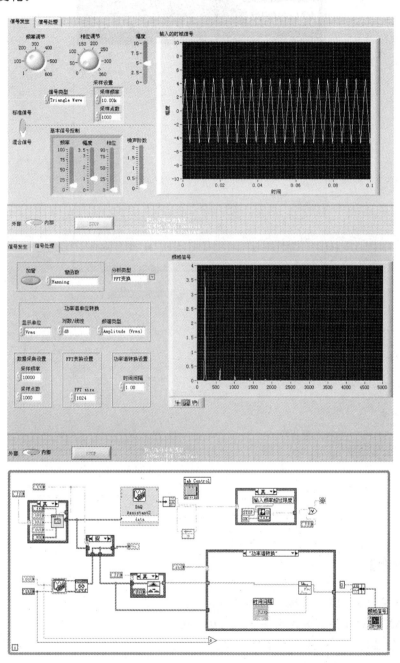

图 7-34　例 7.4 前面板与程序框图

【例 7.5】　采用 DAQmx 基本函数的事件计数器。

硬件：将 CRT0_SOURCE 和 FGEN 连接，如图 7-35 所示，函数发生器选择 Manual Mode，波形选择方波。运行 VI 程序，观察图 7-36 面板中的计数值变化。

图 7-35　例 7.5 函数发生器软前置板

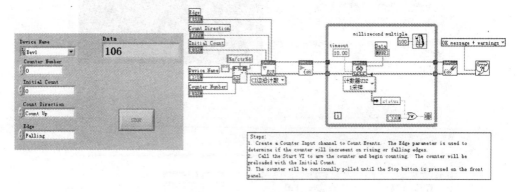

图 7-36　例 7.5 前面板及程序框图

【思考题】

1. 一个完整的 DAQ 系统包括哪些内容？
2. MAX 针对硬件设备的主要功能包括哪些？
3. DAQ 临时任务的建立方法有哪些？

【练习】

在 LabVIEW 编程环境下,按以下要求编制和调试 VI 程序。

1. 从实验台上的函数发生器端口(手动模式),采集正弦波电压信号,并用 MAX 提供的"测试面板"将它们显示出来,以验证该采集任务被正确地确立并完成。

2. 在 LabVIEW 编程环境下,借助 DAQ 助手,采集第 1 题中所述正弦波电压信号,并在波形图中显示。

3. 用 8 根导线将 NI-ELVIS 原型实验板上的 DO 口(0—7 通道)与该板上的 8 个 LED 相连接,设计 VI 程序,用 DAQmx 基本函数写数字口,轮流点亮这 8 个 LED 灯(跑马灯)。

实验八

基于 NI-ELVIS 的数据采集（下）

在实验七的内容中，我们介绍了数据采集系统的构成，及如何建立一个数据采集任务。在本实验中，我们主要介绍基于 NI-ELVIS 的模拟信号采集、生成和输出。

8.1 模拟信号采集

模拟信号的采集既可以采用 DAQ 助手也可以采用 DAQmx VI 函数完成，本小节的范例将这两种实现途径都进行了介绍。DAQ 助手集成了常用的 DAQmx VI 函数，给出了用户设置界面，使得用户可以方便地完成简单的数据采集任务。但是对于较为复杂的数据采集任务，例如，需要触发信号的信号采集任务时，则须用 DAQmx VI 函数来构建，因此读者要注意学习 DAQmx VI 函数的使用方法。

8.1.1 单点模拟信号采集

模拟信号的采集方式可以在多态 VI 选择器中进行选择，单点单通道模拟信号采集可选择"1 通道 1 采样"。

范例展示

【例 8.1】 采集 5V 的直流电压（电平），并由表盘式显示器显示。前面板与程序框图如图 8-1 所示。

该程序（VI）建立的步骤：

(1)将需测的直流电压经差分模式接至实验平台的模拟输入通道；

(2)用 MAX 建立此采集测量任务：我的系统\数据邻居\NI-DAQmx 任务，右击选择"创建新 NI-DAQmx 任务"→"采集信号"→"模拟输入"→"电压"→"选择 0 号物理通道（ai0）"→"采用默认的任务名'我的电压任务'"，单击"完成"。将虚拟通道"电压"的"信号输入范围"设置为 0～10V，在"采集模式"中选择"1 采样（按要求——表示立即采集数据）"；随后，按参数配置栏左上角"保存"按钮，对参数设置的调整做确认。

(3)构建数据采集 VI：往框图面板调用多态函数"DAQmx 读取"，选择"模拟 DBL 1

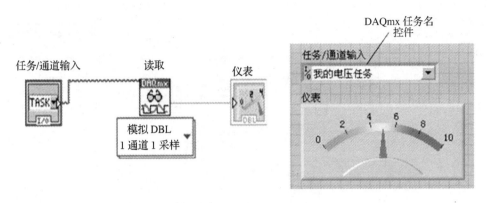

图 8-1 例 8.1 前面板及程序框图

通道 1 采样"功能;右击该函数的"任务/通道输入"输入端子,在弹出的快捷菜单中选择"创建"→"输入控件",建立同名的 DAQmx 任务名控件,并选中"我的电压任务"。在前面板添加标签为"仪表"的表盘式显示器。回到框图面板,完成如图 8-1 所示的连线。

【例 8.2】 对例 8.1,改用 DAQ 助手建立程序(VI)。程序框图如图 8-2 所示。

图 8-2 例 8.2 程序框图

建立该程序(VI)的步骤:

(1)经"函数选板"→"测量 I/O"→"DAQmx-数据采集"途径向框图面板添加并启动"DAQ 助手" Express VI,在其打开的"新建 Express 任务"对话框里,选择"采集信号"→"模拟输入"→"电压";再选择模入物理通道 ai0,并将"信号输入范围"设置为 0~10V,在"采集模式"中选择"1 采样(按要求——表示立即采集数据)"。

(2)关闭 DAQ 助手新建任务对话框后可看到,在该 Express VI 图标下方多出了"数据"输出端子,将该输出端子连至"仪表"控件,即可完成对采集到的单点数据的输出。

8.1.2 多点模拟信号采集

多数据点采集,包含采集若干个(一段有限长)数据点和连续不断采集数据点两种情况。

在多数据点采集中,若要求严格等间隔采样,就不能采用"重复单点采集"的方法,这样无法确保采样点之间具有精确相等的时间间隔。

【例 8.3】 重复单点采集,无法确保不同采样点之间的精确时间间隔的情况。程序框图如图 8-3 所示。

在本例中,利用循环结构,不断进行单点数据采集,直到"DAQmx 读取"函数出错(错误簇的"status"参数为 True),或采集到了"Samples per Channel"参数指定的点数,或按

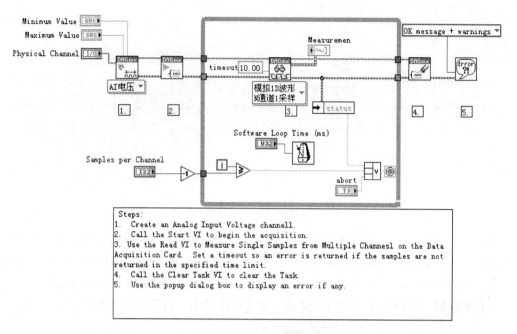

图 8-3　重复单点采集程序框图

下"abort"按钮为止。每次采样之间的时间间隔由"等待(ms)"函数的输入值决定。但是，这种采样模式下，不同采样点之间的时间间隔无法精确控制和指定；故一般用于采集、测量缓变信号。

LabVIEW 中采用设置缓冲区技术来实现等间隔采样。缓冲区是在计算机内存中开辟的一段连续区域。使用缓冲区采集数据时，应先将一段采样数据从数据采集卡送到缓冲区中(这一过程可以确保等间隔采样)，然后再"读取"到程序(VI)中。当任务的采样模式设置为"N 采样"(采集一段数据)或"连续采样"时，就是在使用缓冲区进行数据采集。

"N 采样"时，使用简单缓冲；"连续采样"时，则使用的是循环缓冲(Circular-Buffered)。

简单缓冲：于等间隔一次读取有限个采样点，即在经 MAX 途径建立新 DAQmx(数据采集)任务时，从其"定时设置"选项页的"采集模式"选择栏选定"N 采样"；或是在框图面板选用"DAQmx 定时(采样时钟)"函数时，在其"采样模式"参数选择表里选中"有限采样"。

在简单缓冲模式下，DAQmx 任务会首先根据每个通道所要读取样本数多少及任务需要的采集通道数建立合适的缓冲区(＝每通道样本数×通道数)。在进行数据采集时，DAQmx 任务从数据采集卡读取数据，并将它们填充到缓冲区中，直到其被完全填满即读取到了全部数据为止，才将该缓冲区中的数据经"DAQmx 读取"函数输出(返回)到框图面板的 VI 中。

在简单缓冲模式下，因无法严格确定每次循环获得的采样数据段之间的等待时间，故不能采用不断循环重复等间隔一次读取若干个采集数据的方法。而循环缓冲，则可用于等间隔连续数据采集。其原理说明如下：

如图 8-4 所示，循环缓冲模式下，被采到的数据不断送入缓冲区，最新送入数据的位置随之不断后移;与此同时,"DAQmx 读取"函数每次读取一定大小的数据块返回到程序框图。当缓冲区写满后,DAQmx 改从该缓冲区的头部重新开始写入数据;"DAQmx 读取"函数一直连续读取数据块,读到缓冲区的末端后,改从缓冲区的头部继续读取数据。因此,只要与读缓冲配合得当,就可实现连续数据采集。

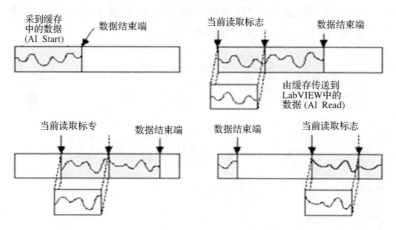

图 8-4　循环缓冲示意图

但应用此方法可能出现的问题有:①从缓冲区读取数据比向其中写入数据快;②从缓冲区读取数据过慢,再写入新数据时覆盖掉了还未读取走的数据。

第一个问题容易解决,"DAQmx 读取"函数会自动等待,直到读到所要求多的新数据后才返回。第二个问题则需要特别注意,因为如果覆盖掉还未读取的数据,将会引起数据丢失,使数据采集不再连续。出现这种情况,DAQmx 会返回错误信息。

解决数据丢失的办法:调整缓冲区大小、调整采样率和调整每次读取数据的数目。①一般情况下,DAQmx 可自动设置循环缓冲区大小;②降低采样率,以降低向缓冲区写入数据的速度;③增加每次从缓冲区读取数据量,从而提高从缓冲区读取数据的速度。

范例展示

【例 8.4】　采集多通道数据(一次采集多个(若干个)等间隔数据点——简单缓冲)。前面板与程序框图如图 8-5 所示。

该程序(VI)建立的步骤:

(1)在实验面板中,将 ai0＋与 FGEN 连接,ai1＋与 SYNC 连接;ai0－、ai1－与 GROUND 连接。打开 Function Generator 软前置板,选择正弦信号,并将频率设置为 50Hz。

(2)在函数选板的"测量 I/O"子模板中,选择"DAQmx—数据采集"组中的"DAQmx 创建虚拟通道"函数,拖放到程序框图中,并用工具选板的操作值设置工具把多态函数设置成模拟输入电压,即出现图标。用工具选板的连线工具,将光标移至上述图标的左上角,待出现"物理通道"字样时右击,在弹出的菜单中选择"创建"→"输入控件",建立虚拟通道和任务。在前面板的物理通道中用工具选板的操作值设置工具输入物理通道的参数。若实验中 ELVIS 平台的设备号是 DEV1,则本例写入物理通道列表"Dev1/ai0,

Dev1/ai1"。同理,用工具选板的连线工具,将光标移至上述"DAQmx 创建虚拟通道"图标的左上角,待出现"分配名称"字样时,右击,在弹出的菜单中选择"创建"→"输入控件",再在对应的前面板的"分配名称"(name to assign)字符串控制器写入"CH0,CH1",即所建立的临时任务将包含两个虚拟通道 CH0 和 CH1,且分别对应于设备 1(Dev1)的物理通道 ai0 和 ai1。"最大值"和"最小值"设置输入电压范围的最小值(-5V)和最大值(5V),在"输入接线端配置"枚举参数中,指定采用差分模式。

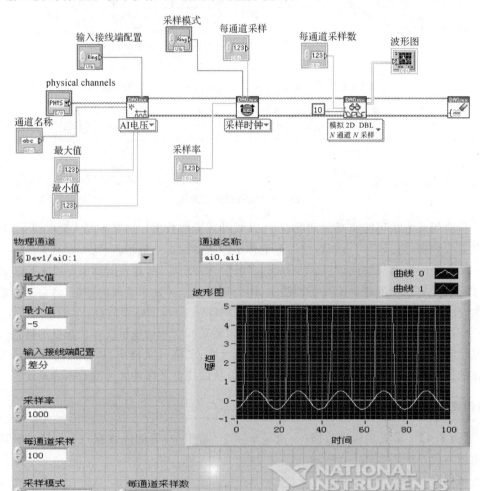

图 8-5　例 8.4 前面板与程序框图

（3）调用"DAQmx 定时"函数并选择其"采样时钟"功能,设定任务的具体时间参数如下:采样率 1000Hz,每通道采样 100 个点,采样模式选择采集"有限个点"。

（4）调用"DAQmx 读取"函数,选择其"模拟 2D DBL N 通道 N 采样"功能。其输入参数每通道采样数设置为 100,即每通道采集 100 个点;采集到的数据输出（返回）"给波形图"显示控件。

注意:"DAQmx 定时"函数的"每通道采样"参数决定了从采集卡输出并写入到缓冲

区的数据点数;"DAQmx 读取"函数的"每通道采样数"参数,决定了从缓冲区读到程序(VI)中的数据点数。可以认为,采集数据时以两者中的较小值为准。

范例展示

【例 8.5】　对例 8.4,改用 DAQ 助手建立程序(VI)。程序图如图 8-6 所示。

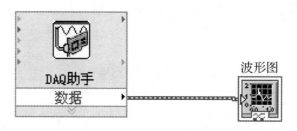

图 8-6　例 8.5 程序框图

该示例程序(VI)的建立步骤:

(1)经"函数选板"→"测量 I/O"→"DAQmx－数据采集"向框图面板添加并启动"DAQ 助手",在打开的"新建 Express 任务"对话框里,选择"采集信号"→"模拟输入"→"电压",选择模入物理通道 ai0 和 ai1,输入范围采用默认的－5 至 5V,在"采集模式"中选择"N 采样","待读取采样"采用默认值 100,"采样率(Hz)"采用默认值 1000。

(2)关闭"DAQ 助手"对话框后可看到,该 Express VI 图标下方多出了"数据"输出端子,将该输出端子连到"波形图"显示控件,即可完成对所采集的一段数据的波形输出。

【例 8.6】　采集多通道数据(等间隔连续采集数据——循环缓冲)。前面板与程序框图如图 8-7 所示。

该程序(VI)的建立步骤:

(1)在实验面板中,将 ai0＋与 FGEN 连接,ai1＋与 SYNC 连接;ai0－、ai1－与 GROUND 连接。打开 Function Generator 软前置板,选择正弦信号。

(2)使用 MAX 建立新的 DAQmx 任务:指定模拟输入、测量电压,选择 0 号和 1 号物理通道(ai0 和 ai1),任务名为"我的电压任务",输入范围使用默认的－5～5V,端子配置使用默认的差分方式,采集模式使用默认的"N 采样","待读取采样"采用默认值 1000,"采样率(Hz)"采用默认值 10000。

(3)来到框图面板,调用"DAQmx 定时"函数并选择其"采样时钟"功能,将采样模式选定为"连续采样","采样率"设置为 1000Hz。

注意:在实施连续采集时,由 MAX 建立的 DAQmx 任务的 Samples To Read 参数("DAQmx 定时"函数的 samples per channel),参与确定循环缓冲区大小。

(4)调用"DAQmx 开始任务"函数,即显式地开始任务。

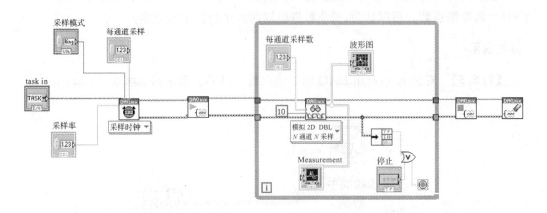

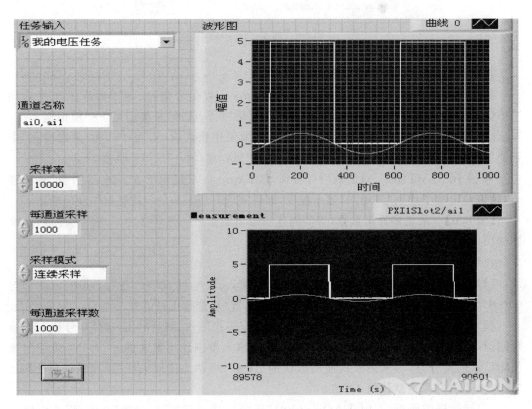

图 8-7   例 8.6 前面板及程序框图

　　(5)在 While 循环中调用"DAQmx 读取"函数,选择"模拟 2D DBL N 通道 N 采样"
功能。该函数的"每通道采样数"输入参数定义每个通道从缓冲区读取的采样数据点数,
本例中为 1000。采集到的数据分别送入"波形图"和"波形图表"显示控件,"波形图表"的
"图表历史长度"参数设置为 3000,这样,在"波形图表"上将显示连续 3 次读取操作得到
的数据;"DAQmx 读取"函数的错误簇输出参数的"status"元素与"停止"按钮取"逻辑或"

后，送给循环结束端子，作为循环结束条件。

（6）在循环之外，采用"DAQmx 结束任务"函数结束任务；然后以"DAQmx 清除任务"函数清除任务。

在连续采集示例中，使用"波形图"只能显示每次从循环缓冲区读取出的数据，对各次读取出的数据波形之间是否连续却难以确认。而"波形图表"可保存前面若干次采集的数据，通过观察多次采集数据间的过渡波形，便可确认是否的确实现了连续采集。

注意：进行连续数据采集时，最好用上述方法仔细观察采集到的数据是否真的连续，因为存在 DAQmx（数据采集）对实际上不完全连续的情况未报出错的现象。

示例中，在循环外使用"DAQmx 开始任务"函数和"DAQmx 结束任务"函数，是显式任务状态转换的典型案例。若不使用"DAQmx 开始任务"函数，则在调用"DAQmx 读取"函数时就要使用默认的隐式状态转换，具体地，"DAQmx 读取"函数首先开始任务，然后才采集数据，最后还要结束任务。如此，每次循环都将进行开始任务、采集数据、结束任务的操作。把函数"DAQmx 开始任务"和"DAQmx 结束任务"置于循环之外，使"开始任务"和"结束任务"的操作只进行一次，可改善程序的执行效率和运行性能。

【例 8.7】 对例 8.6，改用 DAQ 助手建立程序（VI）。前面板与程序框图如图 8-8 所示。

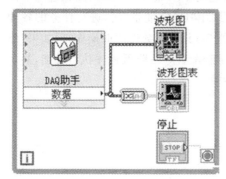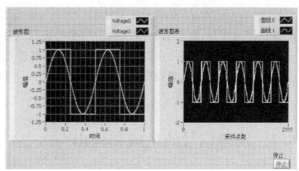

图 8-8 例 8.7 前面板与程序框图

Samples To Read 参数在代码内部接入了 DAQmx Read 函数 number of samples per channel 参数，用以决定每个通道每次从循环缓冲区读取的数据点数。

该程序（VI）的建立步骤：

（1）经"函数选板"→"测量 I/O"→"DAQmx－数据采集"，向框图面板添加"DAQ 助手"，在打开的"新建 Express 任务"对话框里，选择"采集信号"→"模拟输入"→"电压"，选择模入物理通道 ai0 和 ai1，输入范围设置为－5～5V，在"采集模式"中选择"连续采样"。"待读取采样"设置为 1000，"采样率（Hz）"设置为 10000Hz。

（2）关闭"DAQ 助手"对话框后，将"DAQ 助手"图标下方出现的"数据"输出端接至"波形图"。另外，在函数选板"Express"子模板的"信号操作"组里，找到"从动态数据转换"函数（选择"二维标量数组——行是通道"）。用该函数把"DAQ 助手"采集到的数据转化为二维数组，送至"波形图表"（历史纪录长度设置为 3000，取消"转置数组"选项，修改 X 坐标范围为 0～2999）显示控件；再把它们都放入 While 循环中。循环是否结束，由"停止"按钮控制,如图 8-9 所示。

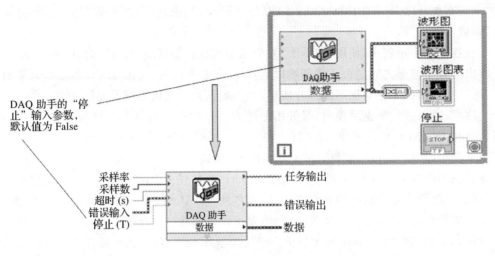

图 8-9   DAQ 助手

DAQ 助手输入参数"停止"的作用:在各次循环之间,"DAQ 助手"的调用状态处于被监控之中。若"停止"参数采用默认值"False",第一次调用"DAQ 助手"时,进行任务的各种配置和读取操作,而此后的每次调用均不再进行任务配置,只进行数据读取操作;但如果"停止"参数为"True",那每次调用"DAQ 助手"都将进行重新配置——降低程序执行性能,甚至无法保证实现连续采集操作。

8.2   模拟信号的生成和输出

DAQ 助手提供了几个常用信号的生成和输出,如果需要生成用户定制的特定信号,则需要用信号处理选板的"信号生成"或"波形生成函数"来生成所需信号,再通过DAQmx VI 函数通过 ao 口输出。

范例展示

【例 8.8】   输出直流电压(单点输出)。前面板与程序框图如图 8-10 所示。
该程序(VI)的建立步骤:
(1)调用"DAQmx 创建通道"函数,选择"AO 电压",物理通道输"Dev1/ao0",其他参数使用默认值;
(2)调用"DAQmx 写入"函数,选择"模拟 DBL 1 通道 1 采样"功能,输出数值控制器"data"中的值。

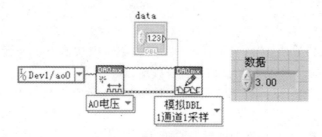

图 8-10　例 8.8 前面板与程序框图

【例 8.9】　对例 8.8,改用 DAQ 助手建立程序(VI)。前面板与程序框图如图 8-11 所示。

图 8-11　例 8.9 前面板及程序框图

该程序(VI)的建立步骤:

(1)经"函数选板"→"测量 I/O"→"DAQmx－数据采集",向框图面板添加并启动"DAQ 助手",在"新建 Express 任务"对话框,选择"生成信号"→"模拟输出"→"电压",选择模出物理通道 ao0,在"生成模式"中选择"1 采样(按要求——表示立即发生数据)"、"信号输出范围",采用默认值－10 至 10V。

(2)关闭"DAQ 助手"对话框后可看到,该 Express VI 图标下方多出了"数据"输入端子。直接向该端子输入一个数值,即可完成单点数据的模拟输出。

(3)输出一段波形数据(等间隔,简单缓冲)。

经"函数选板"→"信号处理"→"波形生成",选用"基本函数发生器",用以产生仿真波形数据。这个 VI 的功能,近似于"仿真信号" Express VI。基本函数发生器如图 8-12 所示。

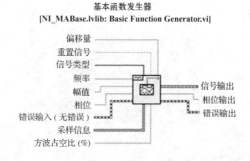

图 8-12　基本函数发生器

其中,该函数的枚举参数"信号类型",用于设置仿真发生信号的类型,可以是正弦波、三角波、方波和锯齿波;"幅值"设定信号幅值;"相位"设定初相位;"方波占空比(％)"则专用于设定方波的占空比。

需要特别注意："频率"和"采样信息"这两个输入参数。

簇类型参数"采样信息"的元素 Fs 定义"采样率"（默认值 1000），元素"采样数"定义采样点数（默认 1000）；"频率"给出信号自身频率（默认 10）。

以默认值做说明："采样数"决定了仿真生成信号数据总点数为 1000；Fs 的值表示每秒生成 1000 个数据；即"采样数"和 Fs 的默认值配合生成 1 秒的数据。而"频率"值为 10，表示 1 秒中生成 10 个周期的波形。这样，调用"基本函数发生器"函数产生的波形数据为：产生 10 个周期的波形；每周期以 100 个数据点描述，且波形数据的 dt 参数为 0.001。

秒字带引号，是因为它只是仿真生成的数据；且 dt＝0.001，也仅表示希望以 1 毫秒作为时间间隔产生数据。真正发生数据的时间间隔，要由 DAQmx 函数决定。在后面给出的例子中，将看到如何对这种情况做出处理。

【**例 8.10**】（等间隔，简单缓冲）示例：输出一段锯齿波形数据。前面板与程序框图如图 8-13 所示。

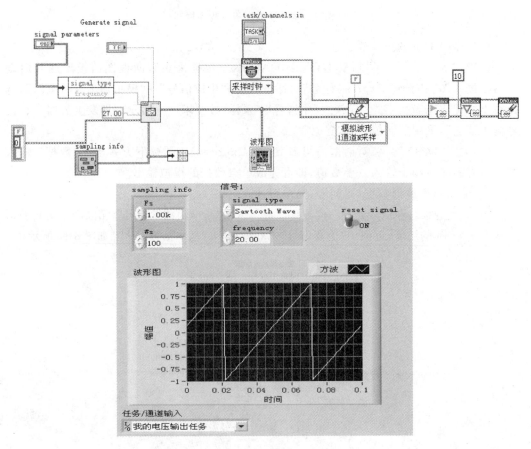

图 8-13　例 8.10 前面板与程序框图

该程序（VI）的建立步骤：

　　(1)使用 MAX,建立模拟输出 DAQmx 新任务:选择"生成信号"→"模拟输出"→"电压",选择物理通道 ao0,接受默认任务名"我的电压输出任务",其他任务参数均接受默认值(采集模式默认为"N 采样")。

　　(2)在框图面板,调用"基本函数发生器"生成仿真波形数据:"信号类型"选择"锯齿波","幅值"输入 1V,"频率"选择 2Hz,"采样信息"采用默认值。生成的波形特点:2 个周期的锯齿波,每周期 500 点,且波形数据的 dt 参数为 0.001。仿真波形数据送至"波形图"显示,如图 8-16 所示。

　　(3)调用"DAQmx 定时"函数,修改任务"我的电压输出任务"的默认数据发生速率(采样率 rate)参数决定了每秒钟产生的样本数。对"基本函数发生器"的簇参数"采样信息"采用"按名称解除捆绑"函数提取出其采样率参数,输入作为"DAQmx 定时"函数的"采样率"参数,即明确接受"基本函数发生器"函数输出的波形数据的 dt 元素作为发生数据的真正的时间间隔。

　　(4)调用"DAQmx 写入"函数,向缓冲区写入数据,此时,还没有真正地输出波形;调用"DAQmx 开始任务"函数真正开始数据发生;调用"DAQmx 结束前等待"函数,等待数据全部被生成;调用"DAQmx 清除任务"函数停止并清除任务。注意:必须调用"DAQmx 结束前等待"函数,否则将在产生完数据前就结束了任务。

　　这里,使用 ELVIS 示波器来观察该波形发生 VI 的输出效果。将 ELVIS 平台上 ao0 端输出的仿真数据接至示波器 CH0+,示波器 CH0-接地。

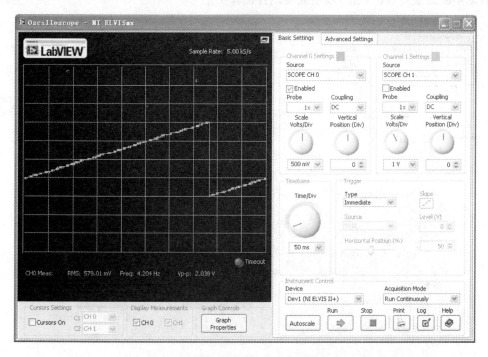

图 8-14　例 8.10 示波器显示

【例 8.11】　对例 8.10,改用 DAQ 助手建立程序(VI)。前面板与程序框图如图8-15所示。该程序(VI)的建立步骤:

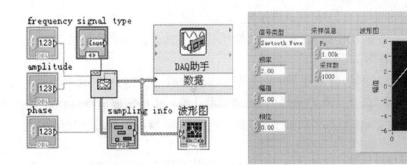

图 8-15　例 8.11 前面板与程序框图

　　(1)经"函数选板"→"测量 I/O"→"DAQmx－数据采集"途径向框图面板添加并启动"DAQ 助手",在"新建 Express 任务"对话框,选择"生成信号"→"模拟输出"→"电压",选择模出物理通道 ao0,从"生成模式"中选择"N 采样",取消其后面的"使用波形定时"复选框的选中状态,并将"待写入采样"和"采样率(Hz)"都设为 1000。

　　(2)关闭"DAQ 助手"设置窗口,将仿真波形输入至"DAQ 助手"的"数据"的输入端子,完成两个周期锯齿波的模拟输出。

　　【例 8.12】　产生周期性连续波形数据。前面板与程序框图如图 8-16 所示。

　　连续发生周期数据并不复杂:只需向所建立的缓冲区写入一个周期的数据,DAQmx 将自动不断地重复该段数据,以生成周期性的输出信号。

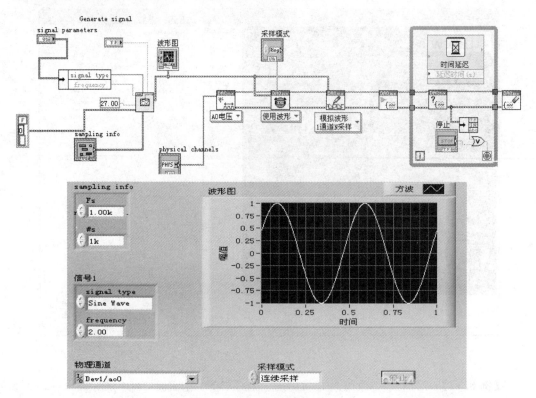

图 8-16　例 8.12 前面板及程序框图

该程序(VI)的建立步骤：

(1)调用"基本函数发生器"生成仿真数据："信号类型"选择正弦波，"频率"设为 2，"采样信息"使用默认值。波形特点：产生 2 周期正弦波，2 周期的波形由"波形图"控件显示。

(2)调用"DAQmx 创建虚拟通道"函数，生成虚拟通道和任务，选择"ao 电压"这个实例，输入物理通道"Dev1/ao0"。

(3)调用"DAQmx 定时"函数设置时间参数，这里采用与前例不同的采样率设置方法：选择"DAQmx 定时"函数的"使用波形"实例，该实例直接根据"波形"参数输入端的波形数据设置发生数据的时间间隔。"采样模式"参数设置为"连续采样"。

(4)调用"DAQmx 写入"函数，将 2 个周期的正弦波数据写入缓冲区。为该 VI 选择"模拟波形 1 通道 N 采样"。

(5)调用"DAQmx 开始任务"函数，开始数据发生；在循环中调用"DAQmx 任务完成"函数查询任务状态，实际上，任务是否结束的信息并未使用，只利用该函数输出的错误簇以检查数据发生操作是否出错，如出错或者按下"停止"按钮，都将退出循环、结束程序；可在循环中调用"时间延迟"Express VI 以设置查询延时。在循环外调用"DAQmx 清除任务"函数，结束和清除任务。

【例 8.13】　对例 8.12，改用 DAQ 助手建立程序(VI)。程序框图如图 8-17 所示。

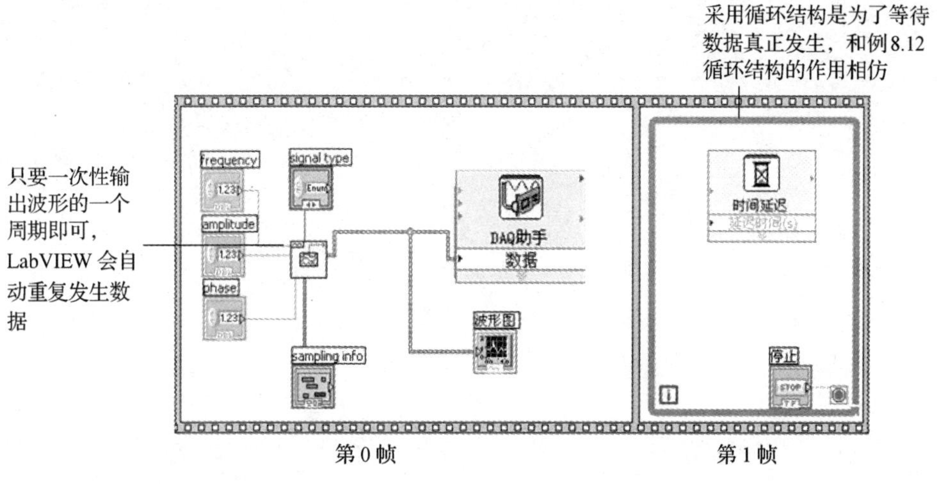

图 8-17　例 8.13 程序框图

．　该程序的建立步骤：

(1)经"函数选板"→"测量 I/O"→"DAQmx－数据采集"添加并启动"DAQ 助手"；在打开的"新建 Express 任务"对话框，选择"生成信号"→"模拟输出"→"电压"，选择模出物理通道 ao0，在"生成模式"中选择"连续采样"，选中其后的"使用波形定时"复选框，即使用输入波形中包含的时间信息，将这部分代码放入平铺顺序结构的第 0 帧。

(2)关闭"DAQ 助手"对话框，将仿真波形送至"DAQ 助手"的"数据"输入端子；在顺序结构的第 1 帧中放入循环结构进行延时，"时间延迟"Express VI 设置延时为 0.1 秒，按下"停止"按钮,程序退出。

【思考题】

1.如何构建 VI,实现以下功能:采集 3V 的直流电压,并由数字式显示器显示。

2.如何利用 DAQ 助手采集多通道数据。

3.如何利用 DAQ 助手建立程序产生正弦波数据。

【练习】

1.用 LabVIEW 编程,持续产生一个频率为 100Hz,幅值为 0.5V 的正弦信号,在前面板画出这个信号的波形图,并将该信号从 ELVIS 平台的 DAC0 口输出,用 ELVIS 平台提供的示波器观察这个信号。实验报告要求:请写明接线方法,并附图:VI 程序的前面板和程序框图,示波器图。

2.将上题(第 1 题)产生的信号与幅值为 0.1 V,频率为 600Hz 的正弦信号相加,用本课程中所学滤波方法,将 600Hz 的信号滤除,并用示波器显示滤波前和滤波后的信号波形。请在实验报告附图:VI 程序的前面板和程序框图,示波器图。

实验九

RC 暂态电路电压变化实验

本实验介绍数字三用电表(DMM)的测量软件,并示范如何在人机界面工作平台上进行数字三用电表的测量。RC 瞬态电路的测量,示范 VPS 在测量中的应用以及利用 DAQmx 进行电压数据采集。

9.1 实验目的

(1)了解熟悉 NI-ELVIS 环境实验平台;
(2)使用虚拟仪器进行电子元件参数测量;
(3)练习基于 NI-ELVIS 软件的电路分析;
(4)练习在 LabVIEW 工程环境下的 NI-ELVIS 使用。

9.2 实验原理

在本实验中,我们用到 NI-ELVIS 软件中的 SFP(Soft Front Panel,软前面板)仪器进行数据测量,以下我们对该工具软件进行简述。

1. SFP 仪器

SFP 仪器主要包括以下几个模块,如图 9-1 所示,其对应关系如表 9-1 所示。

2. LabVIEW API

用于 NI-ELVIS 硬件编程的四个功能部件:DIO、DMM、FGEN 和 VPS。

在图 9-1 的 NI-ELVIS 界面上选择 Digital Multimeter (DMM),得到如图 9-2 所示的 DMM 软前面板。

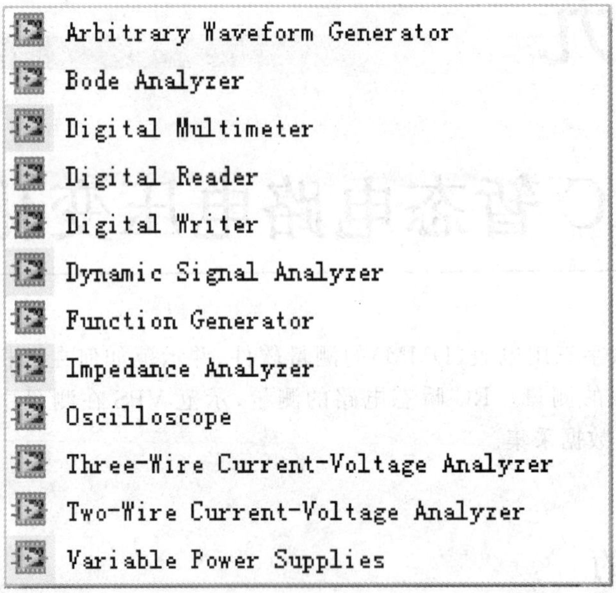

图 9-1　SFP 仪器

表 9-1　**SFP 仪器中英对照**

Arbitrary Waveform Generator（ARB）	任意波形发生器
Bode Analyzer	波特图分析器
Digital Multimeter（DMM）	数字万用表
Digital Reader	数字总线读取器
Digital Writer	数字总线写入器
Dynamic Signal Analyzer（DSA）	动态信号分析仪
Function Generator（FGEN）	函数发生器
Impedance Analyzer	阻抗分析仪
Oscilloscope（Scope）	示波器
Three-Wire Current-Voltage Analyzer	三线伏安特性分析仪
Two-Wire Current-Voltage Analyzer	双线伏安特性分析仪
Variable Power Supplies（VPS）	可变电源

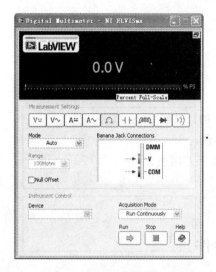

图 9-2　DMM 软前面板

（1）Measurement Settings：功能区，可选电压，电流，电阻，电容等测量选项。

（2）Range：选择测量的量程。

（3）测量方式：可选择 Run Continuously 和 Run once，即连续和独立一次的方式。

在图 9-1 的 NI-ELVIS 界面上选择 Variable Power Supplies（VPS），可得到如图 9-3 所示的可变电源软前面板。该可变电源可以由虚拟仪器板面 VPS APIs 控制，由 NI-ELVIS 提供两路可变电压源，分别为 0 到－12V 和 0 到＋12V 的电压源，每一通路最大限流为 500mA。

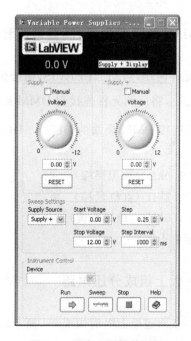

图 9-3　可变电源软前面板

9.3　实验设备

(1)安装有 LabVIEW 的计算机；
(2)NI-ELVIS 测试平台；
(3)虚拟仪器 DMM 数字万用表；
(4)VPS 可变电源。

9.4　实验所需元器件

(1)电阻：1.0kΩ、2.2kΩ、1.0MΩ 各一个；
(2)电容：1μF 一个。

9.5　实验内容

9.5.1　练习使用 DMM(数字万用表)测量电阻和电容

DMM 接线端连接所测元件两端，启动 NI-ELVIS，初始化后选择 Digital Multimeter (DMM)。测量电阻时选择 Ω ，将所测元件连接到 DMM 模块的 V 和 COM 两端；测量电容时选择 ┤├ ，将所测元件连接 DMM 模块的 DUT＋、DUT－两端。将测量结果填于下面的空格中。

R_1_____(Ω)(标准值 1.0kΩ)(棕黑黑棕)
R_2_____(Ω)(标准值 2.2kΩ)(红红黑棕)
R_3_____(Ω)(标准值 1.0MΩ)(棕黑黑黄)
C _____(μF)(标准值 1μF)

9.5.2　在 NI-ELVIS 板上组成分压电路

利用 R_1 及 R_2 两个电阻，在面包板上组成如图 9-4 所示的电路图。

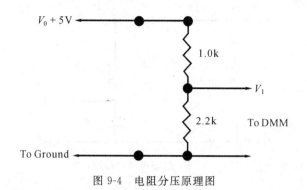

图 9-4　电阻分压原理图

将图上的[＋5V]及[Ground]接到 NI-ELVIS 工作平台的输入电压端及接地端,再利用导线将图中的 2.2K 电阻两端接到 DMM 模块的 V 和 COM 两端。注意 NI-ELVIS 输入电压的线路与电流测量所使用的线路是分开的。检查你的电路后,将工作平台前端的面包板电源开关切换到[开]的位置,此时面包板左下角的＋15V,－15V 及＋5V 的 LED 指示灯则会被点亮。注意,若有任何一个 LED 指示灯没有亮,则很有可能是供应电源的保险丝烧断了,此时请参考 NI-ELVIS 用户手册更换保险丝。

接着将 V_0 端接至数字电压表,测量其输入端电压值。

根据电路的分压原理,输出 V_1 应等于$[R_2/(R_1+R_2)]*V_0$。将之前量得的 R_1,R_2 以及 V_0 带入分压公式计算出 V_1,并与数位电压表量到的实际电压值 V_1 作为比较。

V_1(计算值)_____　　V_1(测量值)_____

9.5.3　利用数字三用电表 DMM 测量电流

根据欧姆定律,电流 $I=V_1/R_2$,因此可间接由测量 V_1 及 R_2 得到。接下来,我们要用数字电流直接量得此电流值,将图中的 2.2K 电阻两端接到 DMM 电流表输入端的 COM 及 A 端。

选择 DMM[A－]功能进行测量,并将测量结果纪录于下,比较计算值与测量值的差异:

I(计算值)_____　　I(测量值)_____

9.5.4　RC 暂态电路实验

用可变电源提供持续时间为 5 秒的方波,观察 RC 电路的充放电波形。电路接线原理图如图 9-5 所示。

在面包板上搭建如图 9-6 所示的电路:由可变电源提供 5V 电压。

关闭 NI-ELVIS 软件,启动 LabVIEW,选择 RC Transient. vi(程序框图如图 9-7 所示,前面板如图 9-8 所示),可观察 RC 充放电波形(如图 9-8 所示),并记录。分析理解 RC Transient. vi 程序框图。

根据基尔霍夫定律(Kirchoff's law)可以很容易地表示出电容器两端的充电电压

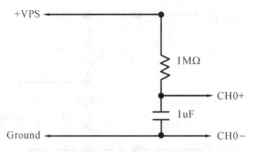

图 9-5   RC 暂态电路接线原理图

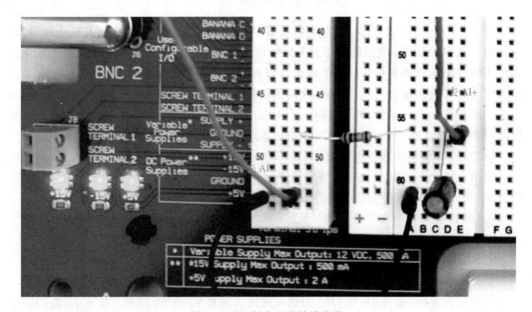

图 9-6   RC 暂态电路接线实物

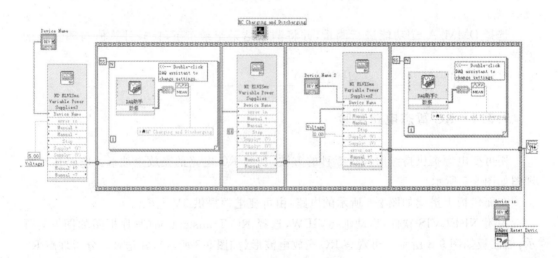

图 9-7   RC 暂态分析程序框图

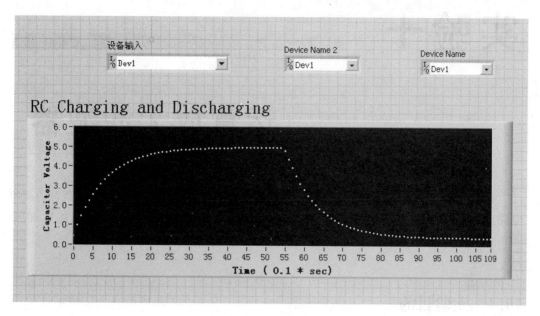

图 9-8　RC 暂态分析前面板

V_C 为：
$$V_C = V_0(1 - \exp(-t/\tau))$$

电容两端的放电电压为：
$$V_D = V_0\exp(-t/\tau)$$

你能够从测量所得的图表中找出时间常数吗？（自然对数 e＝2.718281828459，1/e＝0.36787944117144 ）

【思考题】

1. RC 暂态分析程序框图中的可变电源模块在函数选板的哪个组？

2. RC 充放电电路中电容器两端的充电电压为 $V_C = V_0(1 - \exp(-t/\tau))$，请推导这个式子，并回答：（a）时间常数 τ 是什么？（b）如何由充电后的 $V_C(t)$ 瞬态变化图估计 τ 的大小？

【练习】

1. 试验几组不同的 R 和 C 值，例如把 RC 充放电路中的电阻换成 0.5MΩ，根据时间常数大小修改 VI 程序中的参数，使得充放电暂态波形图清楚。

2. 如果把 RC 电路的输入信号换成周期为 2τ 的方波，并且把图 9-5 中的 R 和 C 换一下位置，输出 V_C 是什么？请在 ELVIS 原型实验板上接线，并编写 VI 程序完成本题的 V_C 测量。

实验十

运算放大滤波器

在一个基本的运算放大电路中加上少量的电容及电阻可以变化成许多有意思的模拟电路,例如主动式滤波器、积分器以及差分器。滤波器用来让某些特定的频段通过;积分器用在比例的控制;而差分器则大多用在抑制噪音及波形产生电路中。

10.1　实验目的

本实验目的在于利用 NI-ELVIS 来测量低通、高通以及带通滤波器的特性。

10.2　实验设备

(1)数字三用电表 DMM;
(2)信号产生器 FGEN;
(3)示波器 OSC;
(4)阻抗分析仪 IA;
(5)波特分析仪。

10.3　实验所需元器件

(1)10kΩ　电阻 R_1(棕,黑,橙);
(2)100kΩ　电阻 R_f(棕,黑,黄);
(3)1μF　电容 C_1;
(4)0.01μF　电容 C_f;
(5)741　运算放大器。

10.4　实验内容

10.4.1　测量电路元件特性

开启 NI-ELVIS,选择 Digital Multimeter,并利用 DMM［］测量电阻值,再用 DMM［C］测量电容值。将测量结果填入下面空格中:

R_1 _____（标准值 10kΩ）
R_f _____（标准值 100kΩ）
C_1 _____ μF（标准值 1μF）
C_f _____ μF（标准值 0.01μF）

关闭 DMM。

10.4.2　基本运算放大器的频率响应

在面包板上建立一个如图 10-1 所示的,简单的 741 反向运算放大电路,其增益为10。

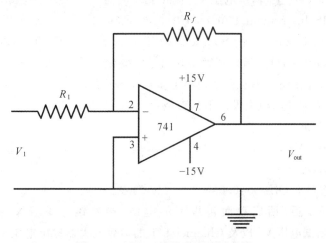

图 10-1　反向运算放大电路原理图

反向运算放大电路实物接线图如图 10-2 所示。

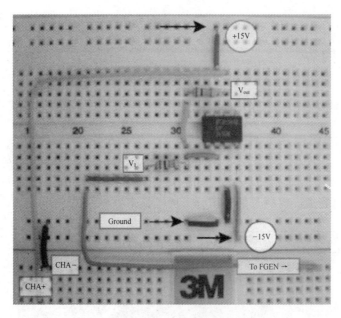

图 10-2　反向运算放大电路实物接线图

请注意这个运算放大器同时用了＋15V 以及－15V 两个直流电源供应，在面包板的接脚上可以找到(标示＋15V，－15V 以及 Ground)。将运算放大器的输入电压端 V_1 接到[FGEN]及[Ground]上，输出电压 V_{out} 则接到示波器上的[CH1＋]及[CH1－]*。

在 NI-ELVIS Instrument Launcher 中选择 Function Generator 以及 Oscilloscope。在示波器面板上将 Channel 0 的 Source 设为[FGEN FUNC_OUT]。再将 Channel 1 的 Source 设为[SCOPE CH1]，借以观察输入信号的变化。

注：这种方法让使用者不必在面包板上多拉一条连接 Channel B 到示波器的信号线。

请在信号发生器的面板上设定下列参数：

(1)波形：正弦波；

(2)最大振幅：1V；

(3)频率：1kHz；

(4)直流偏置(DC Offset)：0.0V。

确认电路无误后，请启动面包板上的电源，接着执行 FGEN 以及 OSC。观察 Channel 0 上的测试电压 V_1 以及 Channel 1 上的运算放大器输出电压 V_{out}。示波器测试结果如图 10-3 所示。

在示波器视窗上测量运算放大器输入端(CH0)以及输出端(CH1)的振幅，请特别注意对一个反向运算放大器而言，输出信号会与输入信号反向。

计算电压增益(Channel1 振幅/Channel0 振幅)，试试看将频率由 100Hz 调到

---

* 　在 ELVIS I 原型实验板上，示波器 0 通道符号为 CHA＋和 CHA－；1 通道符号为 CHB＋和 CHB－；在 ELVIS II 板上，示波器 0 通道符号为 CH0＋和 CH0－；1 通道符号为 CH1＋和 CH1－。本书中用 CH0 和 CH1 表示示波器的两个通道名。

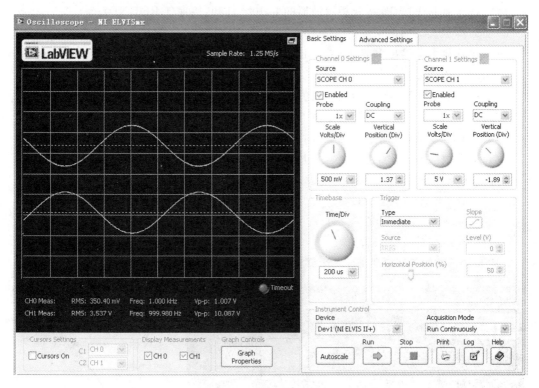

图 10-3　示波器测试结果

10kHz,增益值是不是有什么改变呢?

你的测量结果是不是与理论增益值(R_f/R_1)相符呢?

关闭 FGEN 及 OSC 视窗。

10.4.3　测量运算放大器的频率特性

测量波特(Bode)图是学习运算放大器频率响应特性曲线最好的方法,波特图包含幅值(分贝)特性及相位(度)特性,两者均为频率的函数。反向运算放大电路的转换函数可以表示为:

$$V_{out} =- (R_f/R_1)V_1$$

式中 V_{out} 为运算放大器的输出电压;V_1 为输入电压(接 ELVIS 实验板的函数发生器 FGEN);(R_f/R_1)为增益值;负号表示输出信号为输入之反向。若当输入频率为 f 的输入电压 V_1 时,系统增益为:$G(f)=V_{out}(f)/V_1(f)$,那么该点对应波特图中的幅频特性曲线上横坐标为 f,纵坐标为 $20\log_{10}|G(f)|$ 的点。例如,若增益值 $|G(f)|$ 为 10 时,幅频特性曲线上的值为 20dB。在 NI ELVIS 的启动菜单(Instrument Launcher)中选择波特图分析仪(Bode Analyzer)。输入(V_1)以及输出(V_{out})信号的连接方法如下:

NI ELVIS II 实验平台的接法:

(1)V_1＋连接 ELVIS 实验板示波器的 CH0＋,同时接信号发生器的 FGEN;

(2)V_1－连接 ELVIS 实验板示波器的 CH0－,同时接地(GROUND);

(3)运算放大器输出 V_{out}＋连接 ELVIS 实验板示波器的 CH1＋;

(4)运算放大器输出 V_{out}－连接 ELVIS 实验板示波器的 CH0－。

NI ELVIS I 实验平台的接法:

(1)V_1＋连接 ELVIS 实验板模入的 ACH1＋,同时接信号发生器的 FGEN;

(2)V_1－连接 ELVIS 实验板示波器的 ACH1－,同时接地(GROUND);

(3)运算放大器输出 V_{out}＋连接 ELVIS 实验板模入的 ACH0＋;

(4)运算放大器输出 V_{out}－连接 ELVIS 实验板模入的 ACH0－。

并且在波特分析仪上,如下所述设定其扫描参数:

(1)Start Frequency:5(Hz);

(2)Stop Frequency:50000(Hz);

(3)Steps 10 (per decade)。

按下 Run 按钮并仔细观察反向运算放大电路的 Bode 图以及相位变化,如图 10-4 所示。

图 10-4　反相运算放大电路波特图

从图 10-4 中可以看出,频率在 10000 Hz 以下时的增益值的确相当平稳,在本实验中,此图就是一个 741 运算放大器基本的波特图。

10.4.4 高通滤波器

在输入电阻 R_1 之后串联一个电容 C_1 就可以形成一个高通滤波器,其在低频的截止频率 f_L 可以用下述公式表示:

$$2\pi f_L = 1/R_1 C_1$$

其中 f_L 的单位为 Hz。当电容器的阻抗值与电阻阻抗相同时,电路的增益值为 -3dB,此时的频率则为此高通滤波器低频的截止点 f_L。这个数学特征式与一个高通运算放大滤波器十分类似,在增益值为 -3dB 时,其输入电阻的阻抗恰与输入电容的阻抗相等:

$$R_1 = 1/(2\pi f_L C_1) = X_C$$

如图 10-5 所示,在一个运算放大电路的输入电阻 R_1(1kΩ)旁串联一个 $1\mu\text{F}$ 的电容 C_1。

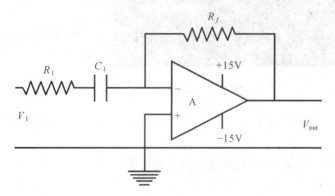

图 10-5　高通滤波器电路原理图

图 10-6 为 NI-ELVIS 板上的电路图。

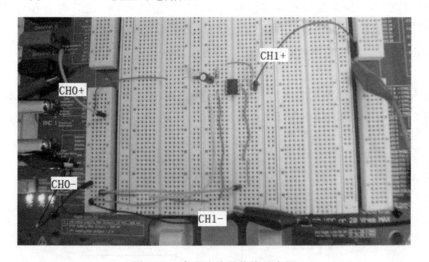

图 10-6　高通滤波器接线示意图

用与 10.4.3 相同的设定参数再运行一个波特图,你可以看到图中在低频部分的响应值很明显有衰减的趋势,而高频的部分则与一般运算放大器的波特图特性相似,如图 10-7 所示。

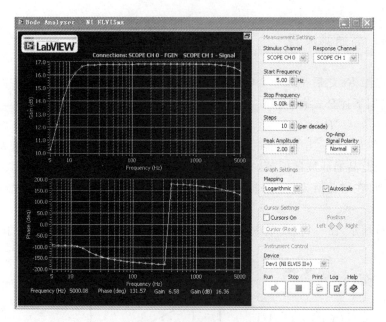

图 10-7　高通滤波器波特图

　　利用游标找出低频的截止点,在截止频率的位置恰好是幅值下降 3dB 或是相位差 45 度的位置。

　　测量结果与利用公式,预估的理论值是否相符呢?

10.4.5　低通滤波器

　　一个运算放大电路在高频的时候信号会慢慢消失是因为 741 芯片内电容与回馈电阻 R_f 并联所造成的,因此如果我们在反馈电阻 R_f 旁并联一个外加电容 C_f,则可以降低频率的上截止点 f_U。新的频率截止点可用下述方程计算:

$$2\pi f_U = 1/R_f C_f$$

　　将输入电容短路(但不要将电容完全移出,因为在 10.4.6 中还会用到),并增加一个回馈电容 C_f 与 100k 的回馈电阻 R_f 并联,如图 10-8 所示。

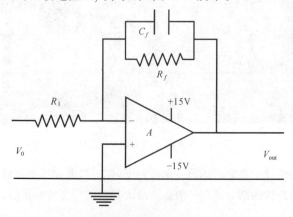

图 10-8　低通滤波器电路原理图

图 10-9 为 NI-ELVIS 板上的带通滤波器范例。

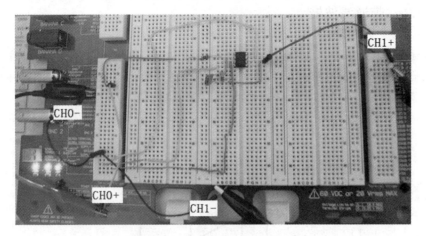

图 10-9　低通滤波器接线示意图

同样用相同的扫描参数绘出波特图,如图 10-10 所示。

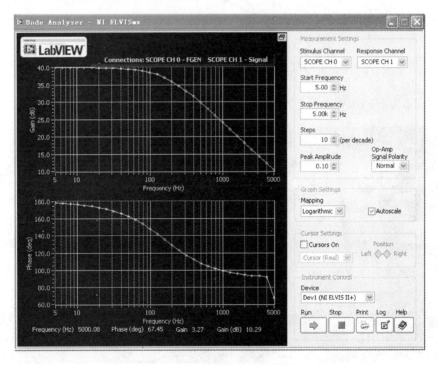

图 10-10　低通滤波器波特图

现在你会观察到在图中高频的信号衰减比一般运算放大器更多,利用游标找出上截止频率,此频率则为幅值下降 3dB 或相位变化为 45 度的位置。

比较看看测量的结果与利用公式 $2\pi f_U = 1/R_f C_f$ 算出的理论值相差多少?

10.4.6　带通滤波器

如果运算放大电路中同时拥有输入电容及回馈电容,则响应曲线中则会同时拥有上下频率的截止点(f_U 及 f_L),而这个频率范围($f_U - f_L$)称为频宽。例如一个好的立体音响放大器就必须有至少 $20000\,\text{Hz}$ 以上的频宽。高通滤波器电路原理图如图 10-11 所示。

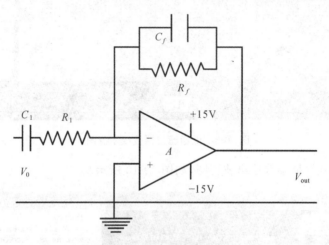

图 10-11　带通滤波器原理图

图 10-12 为 NI-ELVIS 板上的带通滤波器范例。

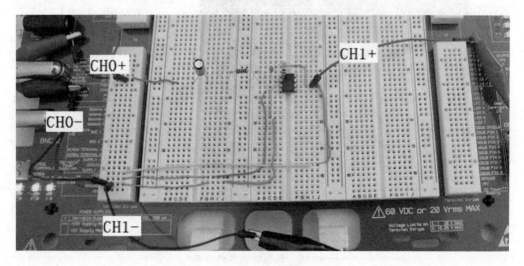

图 10-12　带通滤波器接线示意图

移除 C1 上的短路,并用相同的参数执行波特图,如图 10-13 所示。在最大振幅下方 3dB 的位置划一条横线,则可将此线上方的频率范围定义为此带通滤波器的带通范围。

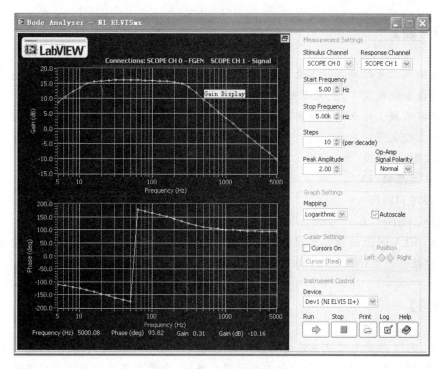

图 10-13 带通滤波器波特图

10.5 实验结论

运算放大器的转移函数曲线广义来说可以用此向量函数来表示:

$$V_{\text{out}} = (Z_f/Z_1)V_{\text{in}}$$

上述四个电路的阻抗值整理如表 10-1 所示:

表 10-1 实验 10 的四个电路的阻抗值

运算放大器的种类	回馈阻抗(Z_f)	输入阻抗(Z_1)	增益(Gain)
基本型(Basic)	R_f	R_1	R_f/R_1
高通(High Pass)	R_f	$R_1 + XC_1$	$R_f/(R_1 + XC_1)$
低通(Low Pass)	$R_f + XC_f$	R_1	$(R_f + XC_f)/R_1$
带通(Band Pass)	$R_f + XC_f$	$R_1 + XC_f$	$(R_f + XC_f)/(R_1 + XC_1)$

对任何操作频率都可以利用阻抗分析仪来测量其阻抗值 Z_f 及 Z_1,利用 LabVIEW 的程序也可以计算出这两个复数的比值,则电路增益值的大小则为 $|Z_f/Z_1|$。

注:也可以用阻抗分析仪来找出 R_1 等于 XC_1 或 R_f 等于 XC_f 时的频率,用以验证波特图中频率的下截止点及上截止点是否分别与这些频率相同。

【思考题】

1. 当输入信号幅度保持不变,而频率变得越来越高的时候,为什么运算放大电路的输出信号幅值会慢慢变小,直至消失?

2. 在前面板上建立一个简单的 741 反向运算放大电路使其增益为 20,请在信号产生器的面板上设定下列参数:

(1)波形:正弦波

(2)最大振幅:1V

(3)频率:1kHz

(4)DC Offset:0.0V

用 NI-ELVIS 上的示波器测量运算放大器输入端以及输出端的振幅,若将频率改为 10kHz,增益会产生什么变化,100kHz 呢?

【练习】

如图 10-14 所示为交流声滤波电路。该电路是一个窄带陷波式滤波器,滤波频率可以从 50Hz 调节到 60Hz。在音频和测试仪器系统中,它常用来消除电源交流声干扰。电路中采用了有源反馈桥式微分 RC 网络,其陷波频率为: $f_0 = \dfrac{1}{2\pi C \sqrt{3R_1 R_2}}$,调节电位器使其陷波频率为 50Hz 或 60Hz。陷波带宽由反馈量决定,反馈量越大,带宽越窄。该电路对交流声抑制可达 30dB,对信号的衰减不大于 1dB。当陷波频率为 50Hz 时,−3dB 处的带宽为 14Hz;当陷波频率为 60Hz 时,−3dB 处的带宽为 18Hz。试在 ELVIS 原型实验板上搭建该硬件电路,并用 ELVIS 软件测量测试这个电路的频率响应。

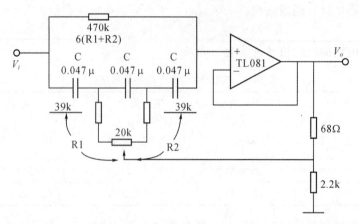

图 10-14   工频干扰滤波电路

实验十一

AC 电路实验

本实验介绍 NI-ELVIS 软件中的交流电路测量工具,包括阻抗测量和波特分析仪。在此基础上,用波特分析仪分析一阶 RC 串联电路的频率特性。

11.1　实验目的

(1)了解熟悉 NI-ELVIS 交流电路工具;
(2)练习使用虚拟的函数信号发生器与示波器;
(3)使用 NI-ELVIS 交流电路工具测量滤波器特性测试。

11.2　实验原理

11.2.1　阻抗分析仪 Impedance Analyzer

接线:将待测阻抗与数字万用表 DMM 的 V 和 COM 连接。

用于复阻抗的测试与分析,板面如图 11-1 所示。在 RC 串联电路中,它的复阻抗可由以下公式得出:

$$Z = R + X_C = R + 1/\mathrm{j}\omega C \quad （\Omega）$$

其幅度和相位可由下面公式得到:

$$\mathrm{Magnitude} = \sqrt{R^2 + X_C^2}$$
$$\mathrm{Phase}\theta = \tan^{-1}(X_C/R)$$

以上指标均可由阻抗分析仪直接测量直观得到。

11.2.2　函数信号发生器(Function Generator)

ELVIS 的函数信号发生器可产生各种正弦波、方波、三角波。其频率(Frequency),

峰值(Peak Ampitude)，直流分量(DC Offset)均可在面板上设置，如图 11-2 所示。

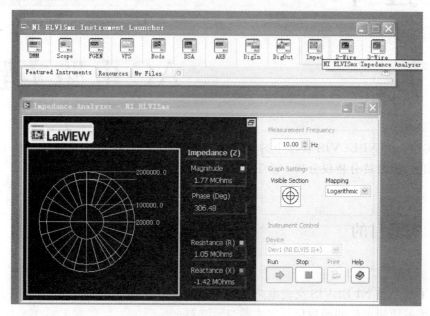

图 11-1　阻抗分析仪

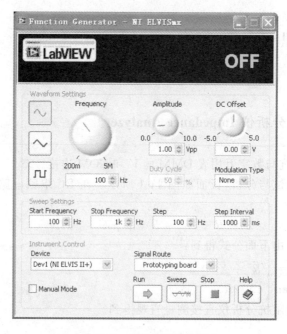

图 11-2　函数信号发生器

11.2.3 示波器 Oscilloscope.

该示波器具有两路采集通道,能自动捕捉输入信号。其板面如图 11-3 所示。

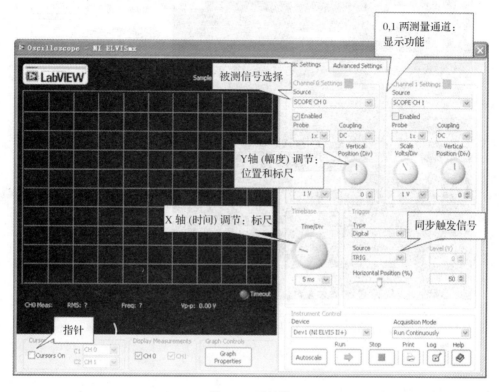

图 11-3　示波器

11.2.4 波特分析仪 Bode Analyzer

接线方法:输入(V_1)以及输出(V_{out})信号必须接到模拟输入的接线端上,即:

输入(V_1)的正端 V_1＋接 CH0＋和函数发生器 FGEN,输入的 V_1－接 CH0－和地 GROUND;输出(V_{out})的正端 V_{out}＋接 CH1＋,输出的负端 V_{out}－接 CH1－。

具体例子的接法见图 11-7。

在 NI-ELVIS 菜单中选择"Bode Analyzer",波特分析仪实现增益/相位波特图测试分析,如图 11-4 所示。

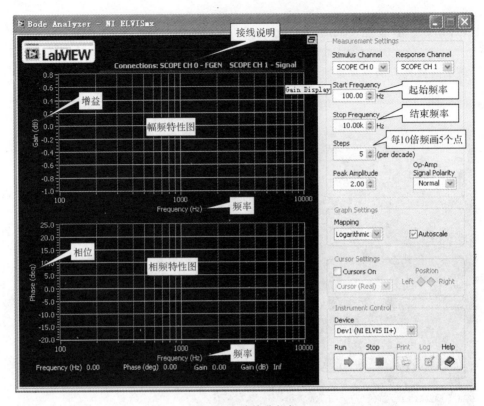

图 11-4   波特分析仪

11.3   实验设备

(1)安装有 LabVIEW 的计算机,NI-ELVIS 测试平台;

(2)数字万用表 DMM,函数信号发生器 FGEN,示波器 OSC,阻抗分析仪 IA,波特分析仪 BodeA。

11.4   实验元器件

(1)电阻:1.0kΩ 一个,1MΩ 一个;

(2)电容:10nF,0.1μF,1μF 各一个;

(3)导线若干。

11.5　实验内容

11.5.1　RC 串联电路分析

用 1MΩ 电阻和 10nF 电容搭建 RC 串联电路,用阻抗分析仪 Impedance Analyzer 测量电阻、电容的阻抗(接 DMM 的 OUT＋和 OUT －端),并分析、观察 RC 串联电路的阻抗。调节测量频率(Measurement Frequency),观察当电路频率变化时,电容阻抗的变化,以及整个电路阻抗的变化,并列表分析(见表 11-1)。

表 11-1　RC 串联电路阻抗分析实验结果

频率(Hz)	10	100	1000
阻抗(Ω)			

问题:频率等于_____的时候,电路阻抗的实部等于虚部,此时相位等于_____度。

11.5.2　观察 RC 串联电路

用 FGEN(函数波形发生器)和 SCOPE(示波器)观察 RC 串联电路。了解 FGEN 和 SCOPE 的使用方法。FGEN 作为 RC 电路的电压源(输入波形),用 CH0 观察输入波形,CH1 观察 RC 电路的输出波形,记录波形。实际电路如图 11-5 所示,实验结果如图 11-6 所示。

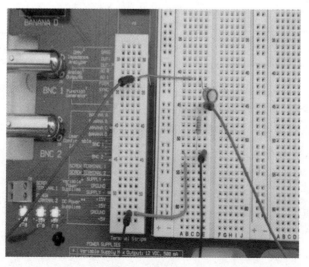

图 11-5　RC 串联电路

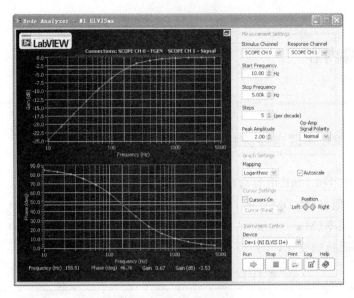

图 11-6　RC 电路的波特图

11.5.3　波特分析仪

使用 Bode Analyzer 来测试 RC 电路（如图 11-7 所示）的增益/相位波特图。使用函数信号发生产生用于测试的正弦波作为输入。

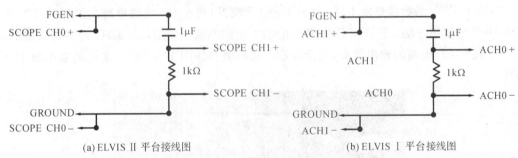

(a) ELVIS Ⅱ 平台接线图　　　　　　　　　　　　(b) ELVIS Ⅰ 平台接线图

图 11-7　RC 电路波特图测量的接线图

使用网格和指针，读出该电路频率特性，幅度为 -3dB 处，相位等于 45 度的频率点，画出幅频特性和相频特性。示波器（SCOPE）和波特分析仪（Bode Analyzer）的软面板都有 Log 按钮，可以将数据记录为 *.txt 或者 *.xls 文件，如图 11-8 所示。实验结果如图 11-9 所示。

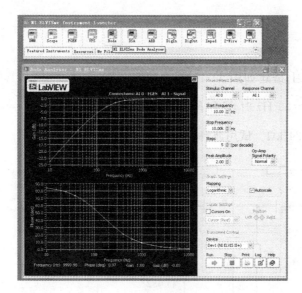

图 11-8　波特图分析结果

	A	B	C	D	E
1	2012-6-29	14:39			
2	Amplitude: 2.00 V				
3	Freq (Hz)	Gain (dB)	Phase (deg)		
4	10.058	-23.643		84.360	
5	15.832	-19.763		82.237	
6	25.146	-15.851		78.847	
7	39.861	-12.063		73.652	
8	63.144	-8.517		65.986	
9	100.024	-5.432		55.567	
10	158.511	-3.077		43.218	
11	251.271	-1.544		31.171	
12	398.047	-0.728		21.156	
13	630.878	-0.343		13.861	
14	1000.054	-0.171		8.943	
15	1584.925	-0.095		5.733	
16	2511.963	-0.060		3.668	
17	3981.031	-0.042		2.349	
18	6309.524	-0.032		1.513	
19	9999.983	-0.026		0.973	

图 11-9　用 LOG 记录的文件中的幅频、相频特性值

【思考题】

1.从图 11-4 所示的测量结果得到的波特图，可以发现这个电路是_____类型的滤波器。

　　A.低通　　　　　B.高通　　　　　C.带通　　　　　D.带阻

2.这个滤波器的截止频率是_____Hz？这个截止频率理论上如何计算？

3.RC 串联电路中，如果 ai1＋和 ai1－接到电阻 R 的两端，波特图会是怎么样的，此时，这个电路是_____类型的滤波器。

【练习】

在 ELVIS 平台上搭建如图 11-10 所示的双 T 型陷波器电路，其陷波频率为 $f_0 = \frac{1}{2\pi RC}$。例如：当 $f_0 = 50$ Hz 时，C 和 R 分别取 0.068μF 和 47 kΩ；$f_0 = 100$ Hz 时，C 和 R 分别取 0.068μF 和 24 kΩ。试用波特图测量其陷波频率。

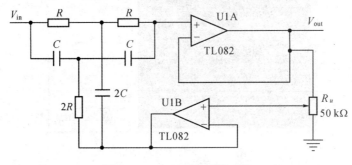

图 11-10　双 T 型陷波器电路

实验十二

LED 交通灯设计

二极管具有电流的单向导电特性,即电流是一个方向时二极管导通,然而当电流的方向相反时二极管阻断。二极管的这个简单开关特性却可以产生许多有趣的模拟和数字电流,如本实验中所应用的交通灯。

12.1 实验目的

(1)研究二极管特性;
(2)构建利用二极管指示的红绿灯 LED 控制;
(3)练习使用双线伏安特性分析仪。

12.2 实验原理

12.2.1 双线伏安特性分析仪(Two-Wire Current Voltage Analyzer)

双线伏安特性分析仪可测试显示器件的 I-V 曲线图像,可对电压的坐标量进行设定包括电压测试范围和增量。I-V 曲线显示方式可选择线性和对数[Linear/Log]两种方式表现。可以使用指针得到曲线上的(I,V)坐标值。如图 12-1 所示。

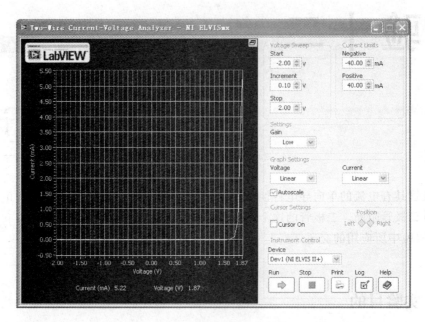

图 12-1 双线伏安特性分析仪

12.2.2 二极管开启电压的测试

使用双线伏安特性分析仪(Two-Wire Current Voltage Analyzer)可以测试二极管的
I-V 曲线图像。在二极管的 I-V 曲线图像上,通过用靠近最大电流的切线,与电压坐标的
交点寻找二极管的开启电压值(正向导通的时候)。如图 12-2 所示,开启电压为红色直线
与横轴的交点。

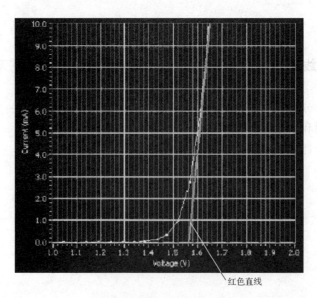

图 12-2 二极管伏安特性

12.3　实验设备

　　(1)安装有 LabVIEW 的计算机,NI-ELVIS 测试平台;

　　(2)数字万用表 DMM,双线伏安特性分析仪(Two-Wire Current Voltage Analyzer),数字总线写入器(Digital Write);

　　(3)1个硅二极管,6个发光二极管 LED(2红,2黄,2绿)。

12.4　实验内容

12.4.1　测试二极管特性

　　打开 DMM(数字万用表)的软面板,选择[▶▶]。将其中一个发光二极管连接到 EIVIS 原型实验板 DMM 的 V 和 COM 端子。如果不导通,则读数和未接二极管(开路)时一样;如果二极管导通,发光二极管将会发光,而读数将会减小。这时候,和 V 端子相连的即为二极管的正极。

　　二极管特性曲线测试,如图 12-3 所示。

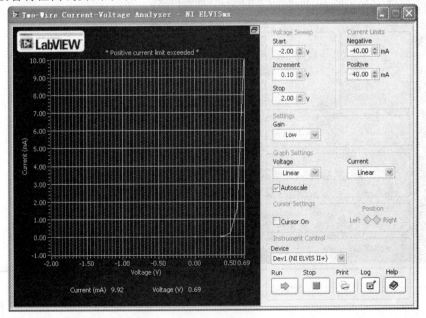

图 12-3　硅二极管的电流—电压特性

在面包板上,放置硅二极管,将硅二极管连接到工作台上 DUT＋和 DUT－端口,启动 NI-ELVIS Instrument Launcher 选择 Two Wire Current－Voltage Analyzer。该 VI 用于测试元件的(I－V)曲线。对于硅材料的二极管测试,参数设置如下：

(1)Start   －2.0 V

(2)Stop   ＋2.0 V

(3)Increment   0.1 V

运行"Run"按钮,将出现该元件的(I－V)测试曲线,并记录该曲线。

将硅二极管分别换成红色、绿色、黄色的 LED 灯,测量它们的电流—电压特性。尝试改变曲线显示方式的按钮[Linear/Log]来观测曲线。打开 Cursor 按钮,该 VI 能给出在曲线上指针位置出的(I,V)坐标值。在图 12-2 中,获得发光二极管的开启电压值。

发光二极管：

红色 LED _____ V

黄色 LED _____ V

绿色 LED _____ V

实验结果如图 12-4～12-6 所示。

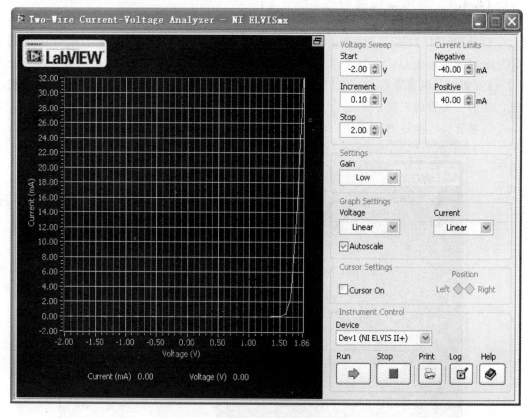

图 12-4 红光二极管电流—电压特性

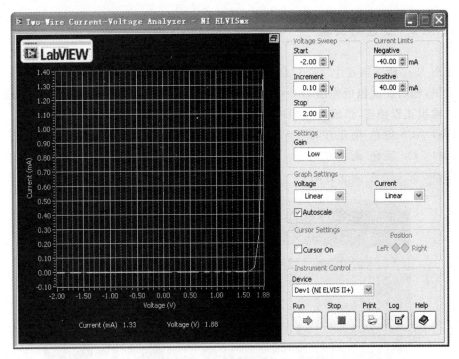

图 12-5 绿光二极管电流—电压特性

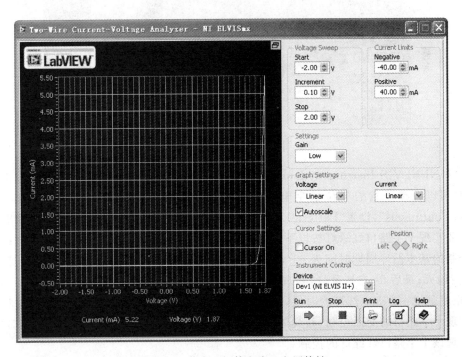

图 12-6 黄光二极管电流—电压特性

12.4.2　交通灯实验

如图 12-7 所示构建十字路口红绿灯,使用 8 位二进制位并行总线(由 NI-ELVIS 面包板提供,输出在面包板旁由 DIO<0—7>标出)控制每个 LED 的状态。每一 LED 正极与总线输出正极相连,负极与地相连。其 6 个 LED 连接方式如下所示。

DIO<0> 红色 南北方向　　　　　　　　DIO<4> 红色 东西方向

DIO<1> 黄色 南北方向　　　　　　　　DIO<5> 黄色 东西方向

DIO<2> 绿色 南北方向　　　　　　　　DIO<6> 绿色 东西方向

图 12-7　十字路口红绿灯

从 NI-ELVIS Instrument Launcher 面板,选择"Digital Writer"。使用垂直滑动按钮,你可以选择任意的 8 位数字电平模式进行输出控制。设置"Generation Mode"为"Run Continuous",设置"Pattern"为"Manual"。按下"Write"按钮,可实现端口输出。

要实现十字路口红绿灯按以下方式控制 LED 的亮灭。每一个方向的一组红绿灯亮灭控制的基本循环周期时间为 60s,其中前 30s 点亮红灯;接着关灭红灯,点亮绿灯,持续 25s 后熄灭;最后 5s 点亮黄灯,实现通行过渡状态的指示。两个方向的灯控状态相互差别,也就是说一方 30s 红灯的时候,另一方实现 25s 的绿灯加 5s 的黄灯状态。这样交替以实现十字路口的交通控制,其具体的 LED 的控制时序见表 12-1(T1,T2,T3,T4)。构建实现该十字路口红绿灯的控制。

表 12-1　交通十字红绿灯状态控制时序表

方向		南北	东西	二进制码	十进制值
交通灯		红黄绿	红黄绿		
Bit#		012	456		
T1	25s	001	100	00010100	20
T2	5s	010	100		
T3	25s	100	001		
T4	5s	100	010		

12.4.3　用 ELVIS 的数字总线写入器进行手动交通灯控制

用 ELVIS 的数字总线写入器(Digital Bus Writer*)进行手动交通灯控制如图 12-8 所示。

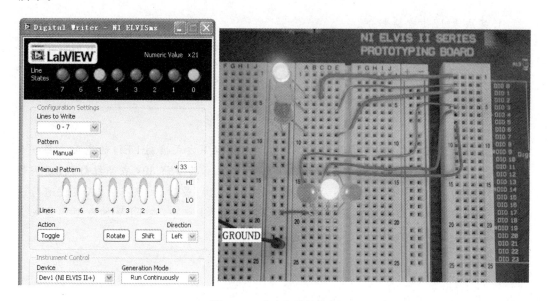

图 12-8　手动交通灯控制

12.4.4　交通十字红绿灯状态自动控制

打开 StopLights.vi,这是一个交通十字红绿灯状态自动控制的 VI。分析该 VI 程序框图,并说明如何实现交通十字红绿灯状态自动控制状态分析,如图 12-9 所示。

───────────

＊　ELVIS II 平台的数字总线写入器称为"Digital Bus Writer";而 ELVIS I 平台称之为"Digital Writer"。

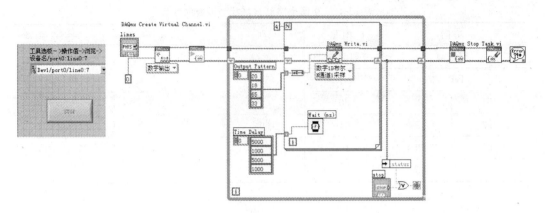

图 12-9　交通灯自动运行前面板及程序框图

【思考题】

1.完成表 12-1 空缺部分。

2.分析 StopLights.vi 程序框图,并说明如何实现交通十字红绿灯状态自动控制状态分析。

【练习】

请设计一交通灯程序:要实现十字路口红绿灯按以下方式控制 LED 的亮灭。每一个方向的一组红绿灯亮灭控制的基本循环周期时间为 75s,其中前 30s 点亮红灯;接着闪烁红灯 5s(5 次),点亮绿灯,持续 30s 后,闪烁绿灯 5s(5 次);最后 5s 点亮黄灯,实现通行过渡状态的指示。两个方向的灯控状态相互差别,编写 VI 程序,在 ELVIS 原型实验板上连接 LED 灯,实现该十字路口红绿灯的控制。

实验十三

555 数字时钟电路

数字电路是现代计算机技术的核心和灵魂。本实验学习基于 NI-ELVIS 平台的数字电路分析及测试。

13.1 实验目的

(1) 了解熟悉 NI-ELVIS 数字电路分析工具；
(2) 练习使用虚拟的数字总线读取器与数字总线写入器；
(3) 构建数字时钟电路并测试其特性。

13.2 实验原理

13.2.1 数字总线写入器

在 NI-ELVIS 面板上有一组绿色 LED 灯分别对应了一组标记了 LED <0−7> 的插孔。它们用于数字逻辑电平状态的显示（On＝HI、Off＝LO）。通过它，使用数字总线写入器可以输出一组可控逻辑电平。

数字总线写入器（Digital Bus Writer）面板如图 13-1，在 Manual（手动）的模式下，写入电平由图 13-1 所示面板上的滑动开关控件控制，8 位状态量可以用以二进制，十进制，十六进制方式手动输入。如果在"Pattern（模式）"下拉列表中选择除了"Manual（手动）"外的其他方式，则写入

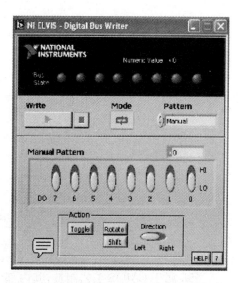

图 13-1　数字总线写入器

预定义好的模式,如表 13-1 所示。

表 13-1   数字总线写入器的其他模式设置

Manual(手动)	Load any 8-bit pattern(加载手动设置的 8 位二进制值)
Ramp(斜坡)（0—255）	Computer Instruction INC(每次自动增加 1)
Alternating （交替)1/0's	Computer Instruction INVERT(交替开关)
Walking 1's(跑马灯)	Computer Instruction SHIFT LEFT LOGIC(左移的跑马灯)

13.2.2   数字总线读取器

数字总线读取器可读取数字信号的逻辑状态,由虚拟 LED 灯显示表示,如图 13-2 所示。

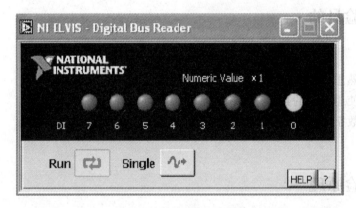

图 13-2   数字总线读取器

13.2.3   555 芯片

图 13-3 为 555 芯片的引脚图。

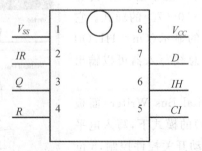

图 13-3   555 引脚图

555 属于 CMOS 工艺制造,其内部结构可等效成 23 个晶体三极管、17 个电阻、两个二极管、组成了比较器、RS 触发器等多组单元电路,特别是由 3 只精度较高 5k 电阻构成了一个电阻分压器,为上、下比较器提供基准电压,所以称之为555,它的应用十分广泛。

555引脚图介绍如下:1. 地 GND;2. 触发;3. 输出;4. 复位;5. 控制电压;6. 门限(阈值);7. 放电;8. 电源电压 V_{cc}。

13.2.4　74HC161 芯片

74HC161有四个并行预置数据输入($D_0 \sim D_3$,其中 D_0 为最低有效位 LSB、D_1 为最高有效位 MSB),一个低电平有效的预置数据控制($\overline{LD}$)、一个低电平有效的清楚输入($\overline{CR}$)、两个技术允许控制(CT_P、CT_T)、一个时钟输入(CP)和4位二进制计数输出($Q_0 \sim Q_3$,其中 Q_0 为 LSB、Q_3 为 MSB)、串行进位输出(CO)。

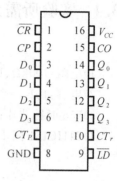

图 13-4　74HC161 引脚图

74HC161具有异步清除功能。当为低电平时,$Q_0 \sim Q_3$ 均为低电平,而与 CP 状态无关。该器件的计算是同步的。器件的计数由 CT_P 和 CT_T 控制(CT_T 还控制 CO 的输出),当 CT_P 和 CT_T 均为高电平时,在 CP 上升沿作用下,$Q_0 \sim Q_3$ 同时变化。当器件计数到最大($Q_3Q_2Q_2Q_0$ 为 1111 时),CO 输出一个高电平脉冲,其持续时间近似等于 Q_0 的高电平部分。74HC161的引脚图如图 13-4 所示。

引出端符号说明如表 13-2 所示:

表 13-2　引出端符号说明

CO	进位输出端
CP	时钟输入端
$\overline{CR}$	清除端(低电平有效)
CT_P、CT_T	计数允许控制端
$D_0 \sim D_3$	预置数据输入端
GND	地
$\overline{LD}$	预置数据控制端(低电平有效)
$Q_0 \sim Q_3$	计数输出端
V_{cc}	电源

13.3　实验设备

(1)安装有 LabVIEW 的计算机;

(2)NI-ELVIS 测试平台;

（3）数字总线读取器；

（4）数字总线写入器；

（5）数字万用表 DMM；

（6）函数信号发生器 FGEN。

13.4　实验所需元器件

（1）电阻：100kΩ、10kΩ 各一个；

（2）电容：1μF 一个；

（3）555 时钟芯片；

（4）74HC161 同步加法计数器芯片。

13.5　实验内容

13.5.1　555 数字时钟电路

构建一个 555 数字时钟源。用 555 计时器芯片和电阻、电容，即可构成一个数字时钟源。练习用 DMM 测量电路各组成部分（电阻、电容）的值。搭建如图 13-5 所示的电路图。

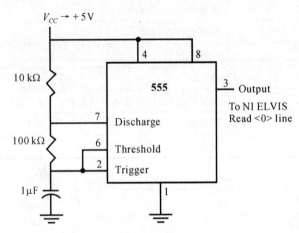

图 13-5　数字时钟电路接线原理图

R_A _____（Ω）（标准值 10 kΩ）

R_B _____（Ω）（标准值 100 kΩ）

C _____ (μF)（标准值 1 μF）

按图 13-5 连接时钟电路，如图 13-6 所示。其中，电源（＋5V）分别和引脚 8 和引脚 4 相连，电源的地端接引脚 1。R_A、R_B、C 分别接在电源和引脚 7、引脚 7 与引脚 6、引脚 2 与地之间。555 电路的输出端及引脚 3 连接到原型实验板的并行端。

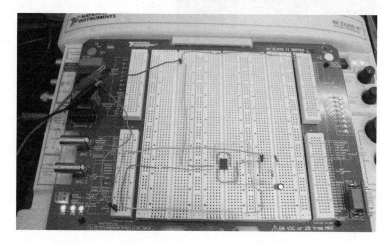

图 13-6　数字时钟电路接线示意图

按以下路径打开数字信号读取软前置板：“程序”→“National Instruments”→“NI-ELVISmx for NI-ELVIS & NI myDAQ”→“Instruments”→“Digital Reader”，并给 NI-ELVIS 原型实验板上电源通电，如图 13-7 所示。

如果时钟电路运行正常，那么可以看到指示灯 0 闪烁。如果没有闪烁，可用DMM［V］检查 555 电路的引脚电压。在时钟电路运行时，可以得到一些有用的电路测量值。

图 13-7　数字信号监控仪软前置板

将示波器 CH1 端连接到 555 时钟芯片的引脚 3，然后打开示波器（SCOPE）软前置板,就可以在示波器 CH1 通道观察输出的数字波形,如图 13-8 所示。

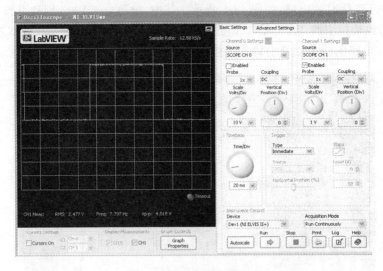

图 13-8   555 输出端信号

根据示波器所得图形,分别按如下公式计算波形的周期、频率和占空比:

周期:$T = 0.695(R_A + 2R_B)C$ (秒)

频率:$F = 1/T$ (赫兹)

占空比:$DC = (R_A + R_B)/(R_A + 2R_B)$

13.5.2   设计一个 4-bit 数字计数器

构建一个 4-bit 数字计数器。在原先电路的基础上,再加上 74HC161,以构成计数器。电路图如图 13-9 所示(74HC161 的管脚 1 和 9 需接高电平)。

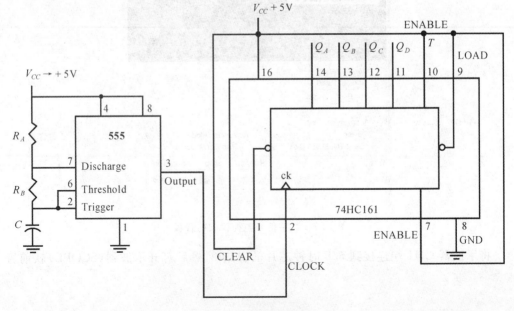

图 13-9   数字计数器

将电路输出连接到原型板的DIO上,161计数器的14管脚QA连接到数字输入输出口的DIO 0,QB—QD管脚分别连接到DIO 1—DIO 3,如图13-10所示。(此外,还可将QA—QB分别接至LED1—LED4上,观察LED灯的变化,如图13-11所示)

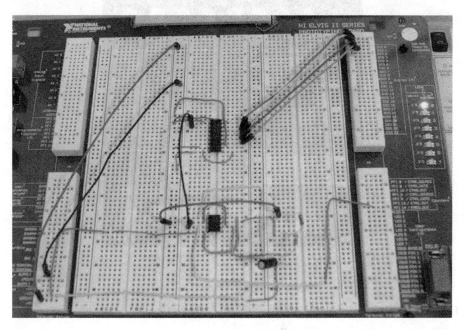

图13-10　数字计数器接线原理图(a)

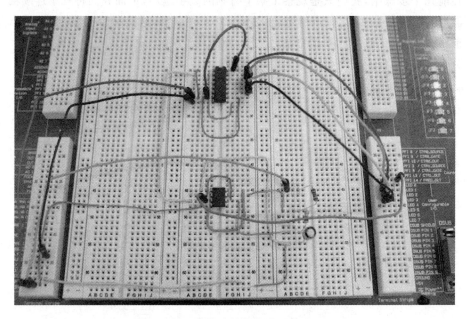

图13-11　数字计数器接线原理图(b)

给原型板上电,可以在数字总线读取器中观察计数情况。结果如图13-12所示。

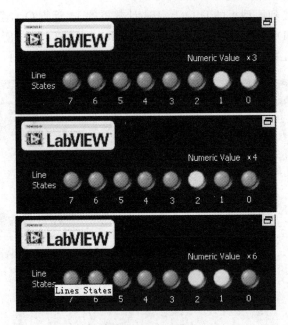

图 13-12   数字总线读取器显示结果

13.5.2   构建一个 LabVIEW 逻辑状态分析仪

在前几个步骤中,我们只是观察了某个时刻的数字输出,下面我们将观察连续输出的数字波形。打开数字 10 之 555 计数器 Binary Counter. vi,这是一个 4-bit 逻辑状态分析仪。前面板是 4-bit 数字计数器的输出波形,分析该 VI 程序框图说明如何实现 4-bit 逻辑状态分析,其前面板与程序框图如图 13-13 所示。

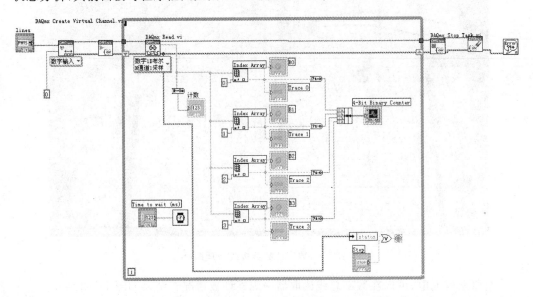

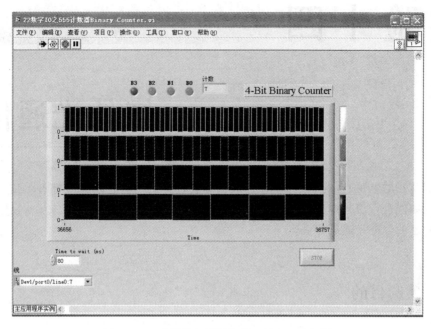

图 13-13　逻辑状态分析仪前面板与程序框图

【思考题】

分析理解 Binary Counter. vi，说明如何实现 4-bit 逻辑状态分析。

【练习】

利用 555 定时器设计制作一只触摸式开关定时控制器，每当手触摸一次，电路即输出一个正脉冲宽度为 10 秒的信号，点亮 ELVIS 原型实验板上的一盏 LED 灯，试着在 ELVIS 原型实验板上搭出电路并测试电路功能，用 LabVIEW 编程测量脉冲宽度。

实验十四

红外光通信

我们常用的电视、音响或是 DVD 播放器等装置与遥控器之间通常都有一定的距离，它们究竟如何进行信号传递呢？其中的奥秘在于红外线信号收发，本实验学习这种可以在空中传递的红外光通信方法。

14.1　实验目的

(1)练习基于 NI-ELVIS 软件的电路分析；
(2)练习在 LabVIEW 工程环境下的 NI-ELVIS 使用。

14.2　实验原理

本实验利用一个红外线光源将信号经过空间传递到一个光电晶体接收器上，其特色为具有调幅及 NRZ(Non-Return-Zero)数字调变的功能。

14.3　实验设备

(1)双线 I－V 分析仪；
(2)三线 I－V 曲线追踪器；
(3)信号产生器；
(4)示波器；
(5)数字写入器。

14.4 实验所需元器件

(1)220Ω 电阻（红,红,棕）；
(2)470Ω 电阻（黄,紫,棕）；
(3)1kΩ 电阻（棕,黑,红）；
(4)22kΩ 电阻（红,红,橙）；
(5)0.01μF 电容；
(6)红外线发射器（LED）；
(7)红外线接收器（photoresistor）；
(8)2N3904 npn 晶体管；
(9)555 定时器芯片。

14.5 实验内容

14.5.1 光电晶体接收器

要了解一个光电晶体如何运作,得先从了解电晶体的特性曲线开始。电晶体是一个基本由电流控制的电流放大器,利用在基极（base）的微小电流来控制从集电极（collector）流到射极（emitter）的大电流。将一个 2N3904 电晶体插在 NI-ELVIS 板上。

其实物图如图 14-1 所示。

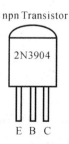

图 14-1 2N3904 晶体管外形图

注："Base"接到基极," DUT＋"接到发射极,而"DUT－"接到集电极

开启"NI-ELVIS Instrument Launcher"并选择"Three-Wire Current-Voltage Analyzer"。启动面包板电源,按照图 14-2 所示设定基极的电流以及集电极的电压,再按下 Run 按钮。

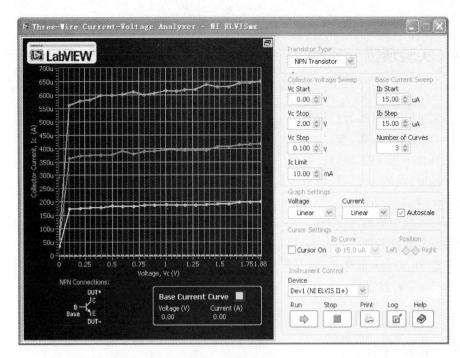

图 14-2　晶体管特性曲线的三线电流－电压分析

图上显示于基极施加不同电流时,集电极电流对电压的关系。你可以同时设定许多组集电极的电压,并给一个特定范围的电流在基极上,当执行程序时,面板上首先会显示出基极设定的电流值,接着是集电极的电压设定值,后来才是量测集电极的电流。相同基极电流设定下所量得的数据点(I, V)会被连成一条曲线,许多条[IV]曲线会同时在图上表示出来,它们分别是在不同基极电流设定下所得到的集电极[IV]关系图。观察图中显示的曲线分布可得,当集电极的电压固定时,电流值会随基极电流的增加而上升。

　　光电晶体上没有基极的接脚,而是当光线照射到电晶体上时会产生一个与光强度成正比的电流。例如,在黑暗中,电晶体的特性如图 14-2 下方的黄色曲线;在微弱的灯光中,特性曲线如中间红色曲线;而在强光中时,其特性则应与上方绿色曲线相似。当集电极的电压大于图上的 0.2V,比方说在 1.0V 时,集电极的电流值与光强度几乎呈现线性关系。因此制作一个光接收器,只需要一个电源,一个限流的电阻以及一个光电晶体就可以了,如图 14-3 所示。

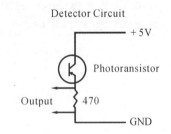

图 14-3　光敏晶体管接线示意图

14.5.2　红外线光源

　　一般而言一个红外光发射器具备两个元件,一个红外线 LED(正向偏压)以及一个限流电阻。将红外线 LED 接到 DMM 电流的输入端上,并确定 LED 的两只管脚中稍长的那只管脚接 DMM 电流输入的正端。选择"Two-Wire Current-Voltage Analyzer",并按照下列所述设定电压扫描的参数:①起始电压:0.0V;②终止电压:+2.0 V;③间距:0.05 V。

设定完成后按下"Run"按钮,则这个红外线二极管的[IV]曲线图就会显示出来了,如图 14-4 所示。

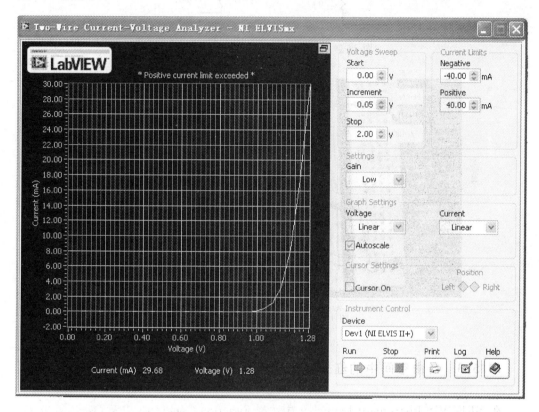

图 14-4　光电二极管电流电压特性

在正向偏压的操作范围内,当电压超过 0.9V 时,红外线 LED 开始发出波长约为 950nm 的光线,这个波长位于光谱中近红外光的范围内,用肉眼是无法观察到的。红外线 LED 可容许的最大电流量超过 100mA,它发出的光强度可达一般可见光 LED 的十倍,因此用红外线 LED 制作的遥控器可以进行远距离的红外光通信。本实验将红外 LED 与 220Ω 的电阻以及+5V 的电源串联在一起,在 11mA 的操作电流下,产生约 10mW 不可见光的功率,并用光电晶体接收器来接收红外信号。

接线原理图如图 14-5 所示,将红外线 LED 发射器的电路及光电晶体电路插在面包板上,将红外 LED 电流的正极接到函数信号发生器的 FGEN 端上;再将光电晶体的输出,即 470 电阻两端电压信号接在 ai0+和 ai0-之间。NI ELVIS 实验板上的实物接线图如图 14-6 所示。

关闭所有的 SFP 面板。

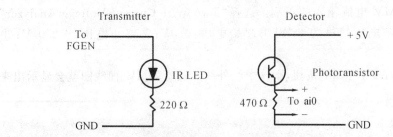

图 14-5　发射器和接收电路接线原理图

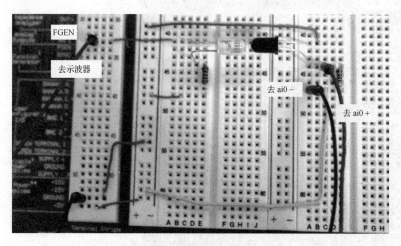

图 14-6　光电器件接线示意图

14.5.3　自由空间中的红外线光学连线实验

在 NI-ELVIS Instrument Launcher 中选择 Function Generator 以及 Oscillosc 运算，信号产生器将提供发射光源用的模拟信号，示波器则同步监控 CH0 的输入信号以及 CH1 的输出信号。

为了使红外线 LED 发出模拟信号，必须施加一个大于临界电压的偏压，使 LED 操作在线性区。确定信号产生器面板上的设定不是设定在手动模式，在 FGEN 虚拟面板上设定偏压为＋1.5V，并按照下述设定其他参数：①振幅：0.5V；②波形：正弦波；③频率：1kHz。

执行信号发生器以及示波器的功能以观察发射及接收到的信号。你可以调整偏压及振幅的大小，当接收到的正弦波开始产生扭曲的现象，就表示发射源已经呈非线性了。请找出线性范围内最佳的偏压与振幅大小后，便可以准备好开始发送信号了。请让信号产生器和示波器软件操作界面均保持开启。实验结果如图 14-7 所示。

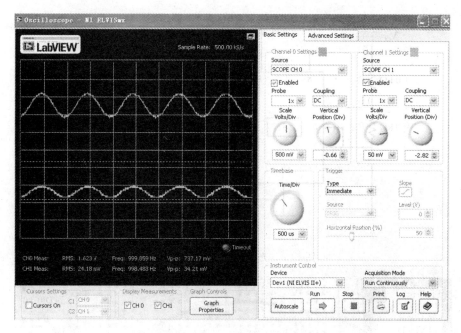

图 14-7 光发射和接收结果示意图

14.5.4 调频及调幅(模拟)

将数字对模拟的输出接脚 ao0 以及 ao1 分别接到 NI-ELVIS 板信号产生器上标有 [AM]以及[FM]的接点上。开启 LabVIEW,选择 Modulation. vi,这个程序会将 DC 信号 由 NI-ELVIS DAC 输出到信号发生器上,以产生调幅或是调频的信号。这个调变的信号 会被转换成为红外光脉冲在空中传播。光电晶体接收到红外光信号后再将它变成电信号 传送回来。这样便构成了一个可在空中进行模拟信号传输的光通信通道。

关闭所有的 SFP 面板及 LabVIEW。

14.5.5 NRZ 数字调变

红外线遥控器中使用了一种特殊的编码技术称为 NRZ。当输入的方波信号超过 40kHz 时,则感测到 HI;当没有信号输入时,则显示为 LO。本实验使用如图 14-8 所示的 555 计时电路产生光信号,将一个数字开关接到接脚 4[RESET]上,如图 14-9 所示,所 以,将开关切换到 HI 时产生一个光信号,当切到 LO 时则没有任何振荡产生。

为了让使用者可以清楚地观察到调变的过程,我们选择了 1.0 kHz 的脉冲信号,使 调变的过程更容易在示波器上观察。用一个 555 计时器及下述元件建立如下振荡器:

①R_A:1.0kΩ;

②R_B:10.0kΩ;

③C:0.1μF。

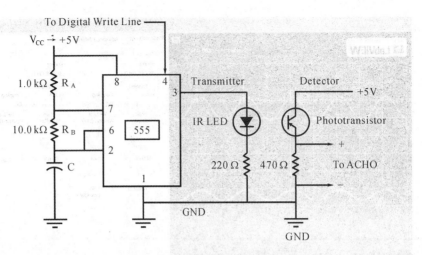

图 14-8   光电器件应用原理接线图

图 14-9   NRZ   数字调变接线示意图

将 555 计时器的接脚 4 接到 NI-ELVIS 板上平行数字输出端的 DIO<0>上,将 555 计时器的输出接脚 3 当做红外线 LED 发射器的电源,接收器电路的输出端则接到 CH1 接脚,555 计时器的接脚 1 为接地端。在 NI-ELVIS 仪器启动菜单中选择 Oscilloscope 及 Digital Bus writer(ELVIS I 平台为 Digital Writer)。在示波器中,选择 ACHO(ELVIS I 平台)或 AIO(ELVIS II 平台)示波器作为 Channel 1 Source,并将 Channel 1analog trigger 设定为 0.5V。在操作过程中,只要将 Digital Bus Writer(EIVIS I 平台为 Digital Writer)的 Bit 0(DIO<0>)设定为 HI,示波器上就会产生一个 1.0kHz 的信号;然而当设定为 LO 时,则不会有信号显示。如图 14-10,图 14-11 所示。

你也可以试试看其他的数字信号模式,例如:周期宽度维持 1 秒或斜坡信号,并在示波器面板上观察调变过程的变化。

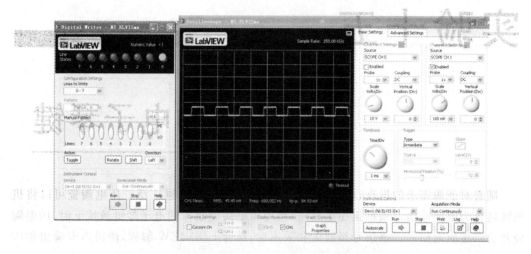

图 14-10　数字记录器 0 位置高时波形图波形显示

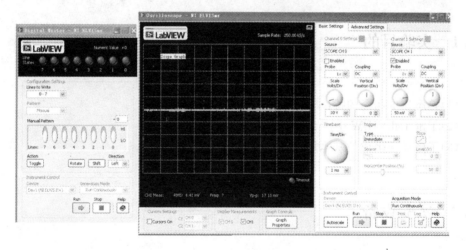

图 14-11　数字记录器 0 位置低时波形图波形显示

【思考题】

1. 从图 14-2 中可以得到什么信息，晶体管特性如何？
2. 图 14-4 显示的光电二极管的特性如何？

【练习】

设计 VI 程序，用 DAQmx 函数，经模入 0 口采集图 14-5 中接收电路的输出信号（图中有"To ai0"标记），对该信号进行放大和滤波（去除高频噪声），用图形工具显示滤波前后信号，并和发送信号进行比较。

实验十五

带压感的电子琴键

随着对能源需求的提高,压电陶瓷在生活中的应用越来越广泛。压电陶瓷可以将机械能转化为电能输出。根据正压电效应,当用压电陶瓷制作的电子琴键被按下时,压电陶瓷片会产生压电信号。该信号经放大和采集后,结合 LabVIEW 编程,使得声卡输出相应的乐音。

15.1   实验目的

(1)熟悉压电陶瓷的特性;

(2)了解 LabVIEW 中声音输出函数库;

(3)了解乐音生成的基本原理。

15.2   实验设备

(1)ELVIS 实验平台;

(2)示波器。

15.3   实验所需元器件

(1)LF356 芯片;

(2)压电陶瓷片;

(3)10 kΩ 电阻一个;

(4)10 MΩ 电阻一个;

(5)103 电容(0.01 μF)一个。

15.4 实验原理(压电效应)

1946 年美国麻省理工学院绝缘研究室发现,在钛酸钡铁电陶瓷上施加直流高压电场,使其自发极化沿电场方向择优取向,除去电场后仍能保持一定的剩余极化,使它具有压电效应,从此诞生了压电陶瓷。

压电陶瓷是一种具有压电效应、能够将机械能和电能互相转换的功能陶瓷材料,如图15-1 所示。压电效应的原理是,如果对压电材料施加压力,它便会产生电位差(称之为正压电效应),反之施加电压,则产生机械应力(称为逆压电效应)。

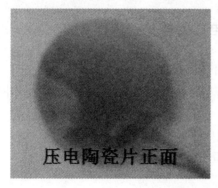

图 15-1 压电陶瓷片

我们通过对压电陶瓷片施加压力,产生电位差,输出电荷信号,用如图 15-2 所示电路将电荷信号转化为电压信号,再经运放将该电压信号放大,最终用示波器观察输出电压。

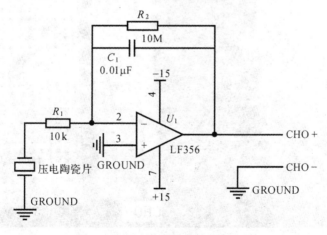

图 15-2 压电能量采集转化原理图

15.5　实验内容

15.5.1　用示波器观察压电陶瓷片输出电压信号

直接将压电陶瓷片的输出信号连入示波器,对压电陶瓷片进行间断性按压(即施加不连续的力,相当于振动),打开示波器进行观察。在示波器软前置板中,可以明显看到,当有振动时,压电陶瓷片会产生明显的电压信号。

15.5.2　用示波器观察经运放输出电压信号

压电陶瓷片收集周围环境中的振动能量,将机械能转换为电能,产生电荷信号。通过图 15-1 显示的电荷——电压转换器,将电荷信号转换为电压信号。其实际电路如图 15-3 所示,具体操作步骤如下。

(1)根据图 15-2 连接线路,将 LF356 引脚 6 与 CH0＋相连,CH0－接地。

(2)打开示波器,观察输出电压信号的变化并记录,如图 15-4、图 15-5 所示。

(3)关闭示波器。

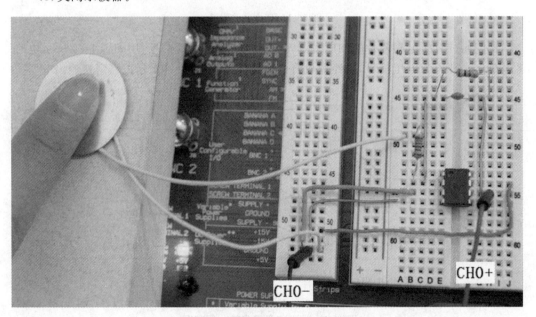

图 15-3　电路实物图

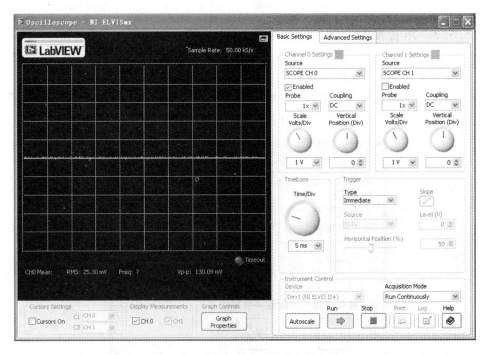

图 15-4　不施加压力时输出电压电平

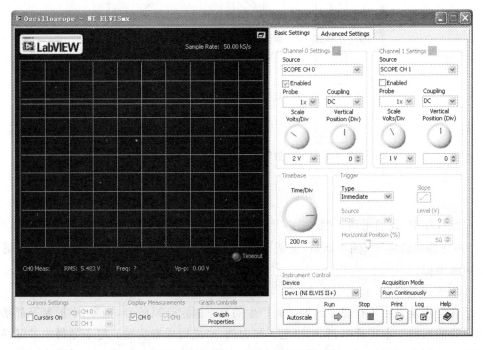

图 15-5　用示波器观察输出电压信号

通过示波器可以观察到，输出电压信号为电平信号，它的范围大概在 0～10V 左右。

15.5.3 乐音发生

1. LabVIEW 函数选板的声音播放功能

在 LabVIEW 的函数选板中,按路径"编程"→"图形与声音"→"声音"→"输出"打开菜单,即可找到相关的声音函数,如图 15-6 所示。

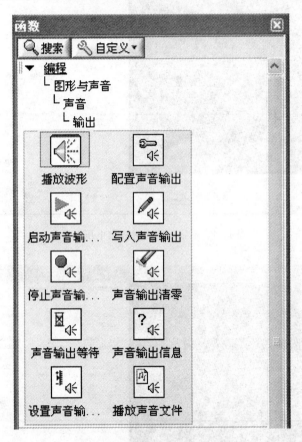

图 15-6 声音输出函数路径

在此程序中,我们用到了"配置声音输出"、"写入声音输出"、"启动声音输出"与"声音输出清零"四个函数,完成了声音从录入到输出的过程,实现了电子琴键声音播放的模拟。

2. 乐音的频率表,八度音的关系

乐音是指发音物体有规律地振动而产生的具有固定音高的音,钢琴、小提琴等都是能发出乐音的乐器。本实验中,我们以电子琴为例,来进行乐音实验。电子琴每个琴键都有与之对应的频率,这里我们选取最基础的 8 个音节,它们的频率如表 15-1 所示。

表 15-1　乐音的频率表

音阶	C4	D4	E4	F4	G4	A4	B4	C5
频率(Hz)	262	294	330	349	392	440	494	523

图 15-7 描绘了一个电子琴键盘,我们选取基础的八度音,进行标号,分别为①～⑬号键。已知 $fr=2^{\frac{1}{12}}$,计算能得 A4＝440Hz,那么可以得到其他键与 A4 之间的关系,其关系表达式如下。

⑪号键 A4♯＝A4＊ fr^1;

⑫号键 B4＝A4＊ fr^2;

⑬号键 C5＝A4＊ fr^3;

①号键 C4＝A4＊ fr^(−9);

②号键 C4♯＝A4＊ fr^(−8);

③号键 D4＝A4＊ fr^(−7);

④号键 D4♯＝A4＊ fr^(−6);

⑤号键 E4＝A4＊ fr^(−5);

⑥号键 F4＝A4＊ fr^(−4);

⑦号键 F4♯＝A4＊ fr^(−3);

⑧号键 G4＝A4＊ fr^(−2);

⑨号键 G4♯＝A4＊ fr^(−1);

⑩号键 A4＝440。

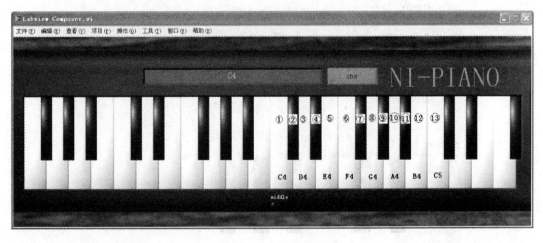

图 15-7　电子琴键盘

3.运行 VI 程序

在第 15.5.2 节练习的基础上,用 LabVIEW 实现通过压电陶瓷片控制电子琴键输出声音大小的功能。即通过改变对压电陶瓷片施加压力的大小,来控制电子琴键输出音量大小。其程序框图如图 15-8 所示,运行时前面板如图 15-9 所示。

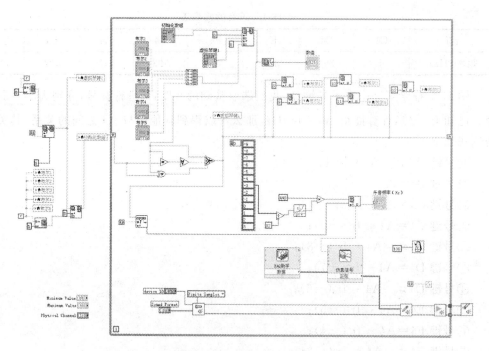

图 15-8　压电陶瓷片控制电子琴键音量大小程序框图

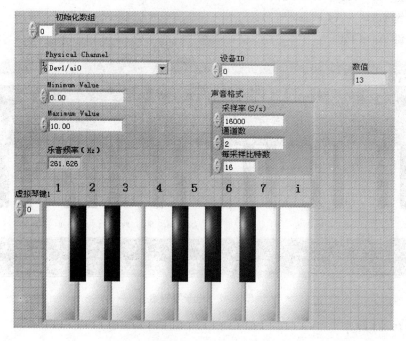

图 15-9　程序运前面板

在实验平台上搭建电路时，将 OP07 引脚 6 输出的电压信号接到 ai0＋，进行电压信号采集，如图 15-10 所示。

前面板框图中，建立一个初始化数组，虚拟琴键数组（8 个白键）与布尔数组（5 个黑键)经"数组替换子集"替换该初始数组,形成新的数组并进行循环。

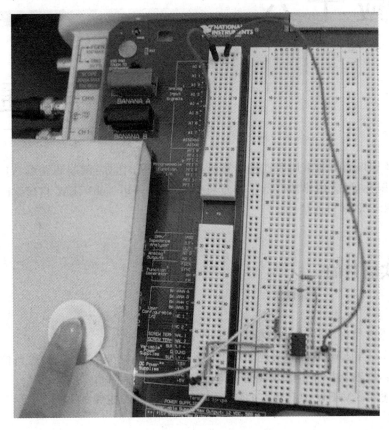

图 15-10　电路实物图

运行图 15-8 所示的 VI 程序,改变施加在压电陶瓷片上的力的大小,能明显地听到音量的变化,当压电陶瓷片上没有压力时,不发音。

【思考题】

1.如何根据八度音的关系,构建框图实现乐音的输出?
2.除框图 15-8 所示外,是否还有其他方法对数组进行初始化?

【练习】

图 15-8 的实现方法能同时按下多个键吗? 如果不能,请用 LabVIEW 设计一个能同时按下多个键的程序。

实验十六

RS232 串口通信

RS232 串口通信通常用于连接计算机和外围设备,比如:调制解调器、打印机、键盘、游戏手柄、鼠标等,应用非常广泛。本章将介绍如何利用 LabVIEW 构建 ELVIS 平台与计算机的 RS232 串口通信。

16.1 实验目的

(1)熟悉并掌握 RS232 串口标准及原理;

(2)在 LabVIEW 平台下实现计算机与外围设备的串口通信。设置好通信端口、波特率等参数后,在输入控件中输入数据字符,观察下位机的变化;

(3)熟悉 LabVIEW 编写程序的环境,掌握基本 LabVIEW 编程技巧。

16.2 实验设备

(1)安装有 LabVIEW 的计算机;

(2)NI-ELVIS 测试平台。

16.3 实验所需元器件

(1)470Ω 电阻 7 个;

(2)SM4205 数码管;

(3)导线若干;

(4)RS232 串口线一根(两头均为母)。

16.4　实验原理

16.4.1　LabVIEW 的串口应用

LabVIEW 在函数选板的仪器 I/O 的串口中提供了大量串口相关的 VI 或软件进行连接的机制,所以实现串口通信,可以使用其本身提供的串口 VI,如图 16-1 所示。

图 16-1　串口模板

此模板共有 8 个操作函数,其中,前 4 个函数在串口通信中经常应用。下面简单介绍这 4 个常用的 VISA 串口函数。

(1)VISA 配置串口:设定波特率、数据位、停止位、奇偶校验位、超时处理、终止符和终止符使能等参数,将 VISA 资源名称指定的串口按特定设置初始化。

(2)VISA 写入:将"写入缓冲区"的数据写入 VISA 资源名称指定的串口。

(3)VISA 读取:从 VISA 资源名称所指定的串口中读取指定字节的数据,并将数据返回至读取缓冲区。

(4)VISA 关闭:关闭 VISA 资源名称指定的串口会话句柄或事件对象。

16.4.2　通过 RS232 进行数据传输

串口是计算机上一种非常通用的设备通信的协议。大多数计算机包含两个基于 RS232 的串口。串口同时也是仪器仪表设备通用的通信协议,很多 GPIB 兼容的设备也带有 RS232 口。

串口通信的概念非常简单,串口按位(bit)发送和接收字节,串口可以在使用一根线发送数据的同时用另一根线接收数据。典型地，串口用于 ASCII 码字符的传输。通信使用 3 根线完成：①地线，②发送，③接收。由于串口通信是异步的，端口能够在一根线上发送数据同时在另一根线上接收数据。

串口通信最重要的参数是波特率、数据位、停止位和奇偶校验。对于两个进行通信的端口，这些参数必须匹配。RS232 串口如图 16-2 所示，数据传输格式如图 16-3 所示。

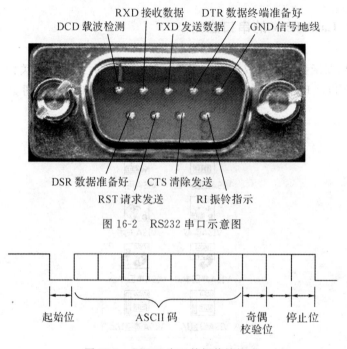

图 16-2　RS232 串口示意图

图 16-3　RS232 串口数据传输格式

注意：RS232 标准接口并不限于 ASCII 数据，事实上还可有 5 到 8 个数据位，后加一奇偶校验位，并有 1 或 2 个停止位。

16.5　实验内容

16.5.1　在前面板中观察串口的自发自收实验

将 NI-ELVIS 测试平台与计算机相连，同时在面包板上将 DSUB 模块的 DSUB PIN2 和 DSUB PIN 3 相连（即将 RS232 串口的数据接收端和发送端连接，以实现串口的自收自发）。运行十六进制接发.vi，我们可以发现，当按下发送键时，接收数据端将显示输入的十六进制字符串；按下清除接收数据端时，接收数据端将全部清零。十六进制接发前面板如图 16-4 所示，程序框图如图 16-5 所示。

注意:VISA 配置串口的 VISA 资源名称应与前面板中的发送端口号对应。

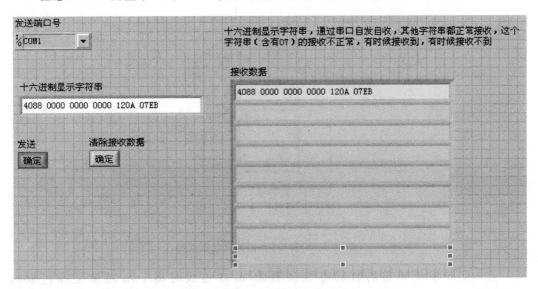

图 16-4　十六进制接发前面板

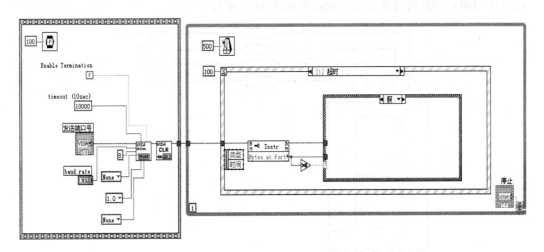

图 16-5　十六进制接发程序框图

16.5.2　ELVIS 平台上的数码管显示

　　LED 数码管显示器在许多数字系统中作为显示输出设备,使用非常广泛。它的结构是由发光二极管 a、b、c、d、e、f、g 和表示小数点的发光段 dp 八段构成,并由此得名。

　　数码管内部的发光二极管有共阴极接法和共阳极接法两种,即将 LED 内部所有二极管阴极或阳极接在一起并通过 com 引脚引出,并将每一发光段的另一端分别引出到对应的引脚。通过点亮不同的 LED 字段,可显示数字 0,1,…,9 和 A,b,C,D,E,F 等不同的字符及自定义一些段发光代表简单符号,如图 16-6 所示。

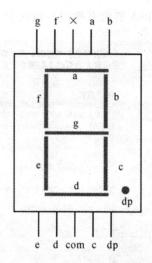

图 16-6   SM4205 八段数码管正视图

在本实验中所使用的数码管为共阴极，故在连线时将 com 端接至面包板的
GROUND 端口，输入高电平时有效。a、b、…f、g 字段各自通过 470 的限流电阻分别接至
DIO 0—DIO 6 端口，其余悬空。接线图如图 16-7 所示。

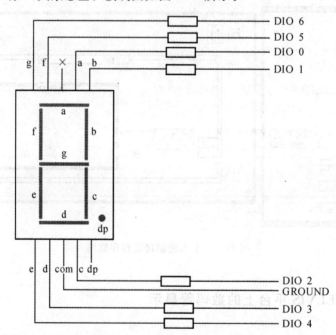

图 16-7   数码管接线原理图

打开 Digital Writer 面板，点亮不同的发光段，观察数码管的显示结果。实验结果如
图 16-8、图 16-9 所示。

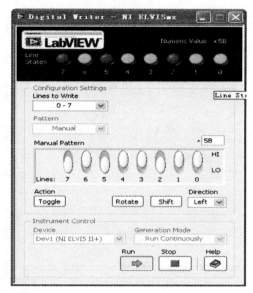

图 16-8　Digital Writer 软前置板

图 16-9　数码管显示接线图

16.5.3　在数码管中显示串口接收数据

提取串口接收到的数据,将其显示在前面板的数码管中。需要注意的是,VISA 读取的数据类型为 ASCII 码,因此需使用"强制类型转换"函数。其路径为"数学"→"数值"→"数据操作"→"强制类型转换",其使用方式可参考"帮助"。

ASCII 码表示的 0 对应十六进制的 30,1 对应十六进制的 31,以此类推即可。故当在前面板中输入 0~9 时,接收数据显示 30~39,数码管依次显示 0~9,当输入其他数值时,数码管显示"F"。实验结果如图 16-10~图 16-13 所示。

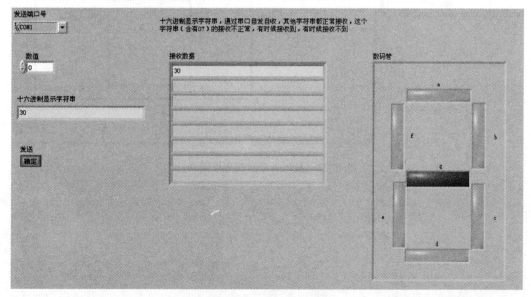

图 16-10　数码管显示前面板

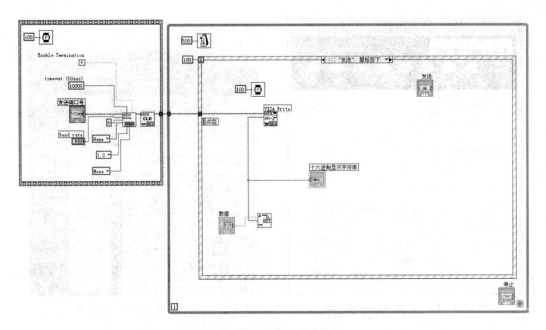

图 16-11　数码管显示程序框图(a)

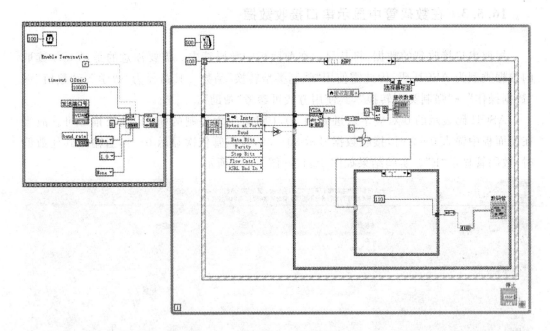

图 16-12　数码管显示程序框图(b)

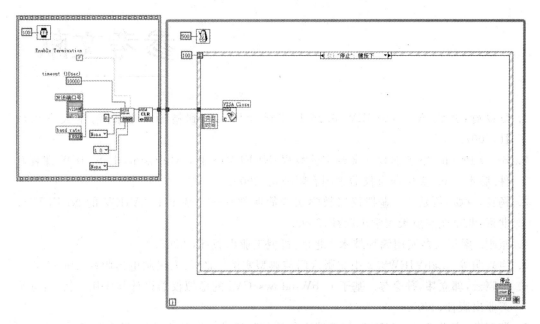

图 16-13　数码管显示程序框图(c)

【思考题】

在 LabVIEW 中如何实现 ASCII 码到十进制数的转换?

【练习】

请修改程序,实现字母 C 和 H 的传输和显示。

参考文献

1. 陈锡辉,张银鸿. LabVIEW 8.20 程序设计从入门到精通. 北京:清华大学出版社,2007.
2. Barry Paton. 电子学教育平台实验教程,NI-ELVIS Ⅱ, Multisim,LabVIEW 课程软件. 版本 2.0. 美国国家仪器中国有限公司,2009.
3. 杨智,袁媛,贾延江. 虚拟仪器教学实验简明教程——基于 LabVIEW 的 NI-ELVIS. 北京:北京航空航天大学出版社,2008.
4. 童刚. 虚拟仪器实用编程技术. 北京:机械工业出版社,2008.
5. 岂兴明等. LabVIEW8.2 中文版入门与典型实例. 北京:人民邮电出版社,2008.
6. 孙晓云,郭立炜,孙会琴. 基于 LabWindows/CVI 的虚拟仪器设计与应用. 北京:电子工业出版社,2005.
7. 郑剑春,李甫成. LabVIEW 与机器人科技创新活动. 北京:清华大学出版社,2012.
8. http//www. ni. com/
9. 数据采集编程指南(中篇). http//www. ni. com/china/daq.